M. Schubert

FMEA – Fehlermöglichkeits- und Einflußanalyse

Leitfaden

bearbeitet von

M. Schubert auf Beschluß des DGQ-Lenkungsausschusses
Gemeinschaftsarbeit (LAG)
Deutsche Gesellschaft für Qualität e. V (DGQ),
August-Schanz-Straße 21 A, D-60433 Frankfurt am Main

1993

DGQ-Schrift 13 – 11
FMEA Fehlermöglichkeits- und Einflußanalyse

1. Auflage 1993

Herausgeber: Deutsche Gesellschaft für Qualität e. V. Ffm.
Berlin und Köln: Beuth Verlag GmbH
1993, 48 S., A 5, brosch.

ISBN 3-410-32841-6

Haftungsausschluß

DGQ-Schriften sind Empfehlungen, die jedermann frei zur Anwendung stehen. Wer sie anwendet, hat für die richtige Anwendung im konkreten Fall Sorge zu tragen.

Die DGQ-Schriften berücksichtigen den zum Zeitpunkt der jeweiligen Ausgabe herrschenden Stand der Technik. Durch das Anwenden der DGQ-Empfehlungen entzieht sich niemand der Verantwortung für sein eigenes Handeln. Jeder handelt insoweit auf eigene Gefahr. Eine Haftung der DGQ und derjenigen, die an DGQ-Empfehlungen beteiligt sind, ist ausgeschlossen.

Jeder wird gebeten, wenn er bei der Anwendung der DGQ-Empfehlungen auf Unrichtigkeiten oder die Möglichkeit einer unrichtigen Auslegung stößt, dies der DGQ umgehend mitzuteilen, damit etwaige Fehler beseitigt werden können.

CIP-Kurztitelaufnahme der Deutschen Bibliothek

Fehlermöglichkeits- und Einflußanalyse: FMEA;
Leitfaden / M. Schubert. Bearb. von M. Schubert auf Beschluß des DGQ-Lenkungsausschusses Gemeinschaftsarbeit (LAG), Deutsche Gesellschaft für Qualität e. V. (DGQ).
– Berlin: Beuth, 1993 (DGQ; 13,11)
 ISBN 3-410-32841-6

NE: Schubert, Manfred (Bearb.); FMEA; Deutsche Gesellschaft für Qualität: DGQ

Nachdruck und Vervielfältigung, auch auszugsweise, nur mit schriftlicher Einwilligung der DGQ © 1993

Inhalt

		Seite
0.	Vorwort	4
1.	FMEA – Warum?	5
1.1	Zum Begriff	5
1.2	Gründe für den Einsatz der FMEA	5
2.	Was soll FMEA bewirken?	6
3.	Erläuterungen zur Methode	7
3.1	Anlässe zur Bearbeitung	7
3.2	Forderungen an das Management	7
3.3	Verantwortlichkeiten und Arbeitsunterlagen	7
3.4	Häufige FMEA-Arten und Zusammenhänge	9
4.	Bearbeitungsfolge	12
4.1	Phasenplan	12
4.2	Vorlauf: Strukturierung und Funktionsanalyse	13
4.3	Durchführung, FMEA-Struktur	16
4.4	Ergebnisprüfung/Terminverfolgung	24
4.5	Checkpunkte für FMEA-Beurteilung	25
5.	Organisatorische Hinweise	27
5.1	Zeitpunkt der FMEA-Erstellung	27
5.2	Dokumentation	27
5.3	Rechnereinsatz	28
5.4	Koordination, Erfahrungsaustausch	30
6.	Aufwand und Nutzen	32
7.	Weiterführende Information und Literatur	34
8.	Anhang	35

Vorwort

Die Failure Mode and Effect Analysis (FMEA) ist ein Instrument der Qualitätslenkung, das über sein ursprüngliches Anwendungsgebiet der Risikoanalysen in der Luft- und Raumfahrt hinaus insbesondere von der Automobilindustrie verbreitet, in andere Bereiche der Industrie Eingang gefunden hat.

Die Erkenntnis, daß ein hoher Prozentsatz von Fehlern bereits in der Phase der Entwicklung und Konstruktion vorbestimmt wird, hat dazu geführt, daß das Qualitätsmanagement Instrumente der Früherkennung des strategischen Eingriffs in die Verfahren bei gleichzeitiger Prüfung der Ergebnisse verlangt.

Mit dieser Schrift bietet die DGQ der Fachwelt und dem Anwender einen Leitfaden zur systematischen Darstellung und Einführung dieser Methode in den eigenen Betrieb. Eine Aufwand-Nutzen-Betrachtung gestattet eine Beurteilung des Verfahrens und Ergebnisse nach wirtschaftlichen Kriterien. Hinweise auf weiterführende Literatur bieten bei Bedarf die Möglichkeiten zur Vertiefung des Themas im Selbststudium.

Die DGQ dankt Herrn Dipl.-Ing. Schubert für die kritische Überarbeitung dieses Themas und gibt mit der Veröffentlichung dieses Leitfadens der Fachwelt ein handliches Instrument zur Einführung und Anwendung der FMEA an die Hand.

Frankfurt am Main, im April 1993

Deutsche Gesellschaft für Qualität e. V.
Dr.-Ing. W. Hansen
Vorsitzender

1. FMEA – Warum?

1.1 Zum Begriff

FMEA (engl.) = Failure Mode and Effects Analysis
Deutsche Festlegungen: „Fehlermöglichkeits- und Einflußanalyse" oder „Analyse potentieller Fehler und Folgen".
Die grundlegenden Elemente der FMEA sind aus DIN 25448 „Ausfalleffektanalyse" abgeleitet, eine Methodik, die ursprünglich in der Luft- und Raumfahrt sowie der Medizin- und Kerntechnik entwickelt wurde. Die Automobilindustrie hat die Methode dann in den 80er Jahren verstärkt aufgegriffen und zur FMEA weiterentwickelt. Durch die Forderung an ihre Zulieferer, diese Methode verstärkt einzusetzen, hat sie mit zu ihrer Verbreitung in Deutschland beigetragen. Darüber hinaus wird die FMEA wohl in allen technischen und vielen nichttechnischen Bereichen verstärkt Anwendung finden.

1.2 Gründe für den Einsatz der FMEA

- Wichtige Unternehmensziele, wie Null-Fehler-Produkte, und somit verstärktes Eigeninteresse für High-Tech-Produkte
- verschärfte gesetzliche Auflagen und Hinweise in Normen wie DIN ISO 9001, Abschnitte 4.4 für Entwicklung und 4.9 für Produktion, DIN 25 448 Ausfalleffektanalyse, DIN 25 424 Fehlerbaumanalyse sowie Umweltforderungen
- steigende Kundenanforderungen hinsichtlich Verfügbarkeit, Einsatzbedingungen, Service usw.
- verschärfter Wettbewerb

erfordern verstärkte Bemühungen, anforderungs-, d. h. qualitätsgerechte Produkte und Leistungen von Anfang an zu konzipieren und zu realisieren.

Durch Untersuchungen von Problemen im Zusammenhang mit QM, auch Rückrufaktionen, ist darüber hinaus aufgezeigt, daß Fehler zu vermeiden gewesen wären, wenn eine FMEA konsequent durchgeführt und die potentiellen Fehler von Beginn an verfolgt worden wären.

So sind etwa 80 % aller Fehler, die im Einsatz auftreten, letztendlich auf Schwachstellen im Design, also in Entwicklung und Konstruktion, zurückzuführen. Ein Großteil auftretender Fehler sind auch Wiederholungsfehler.

Das heißt für die Zukunft systematisches Dokumentieren und verstärktes Bemühen um Fehlervermeidung statt Fehlerbehebung.

2. Was soll FMEA bewirken?

- Die FMEA ist ein wirksames Instrument sowohl für den Entwickler und Konstrukteur als auch für den Prozeß- und Fertigungsingenieur. Sie hilft ihm, kritische Punkte eines Verfahrens oder eines Produkts bei Neuentwicklungen zu identifizieren.

- Die FMEA ermöglicht schon in der Konstruktions- und Prozeßplanungsphase, bei potentiellen Fehlermöglichkeiten die Ursachen und Auswirkungen zu erkennen, die Risiken abzuschätzen und Vorkehrungen zur Beseitigung bzw. Minderung der Gefahren einzuleiten.

- Die FMEA unterstützt die Verbesserung von Entwürfen durch konsequente Einarbeitung von wiedereingespeisten Erfahrungen aus ähnlichen Prozessen und Produkten und setzt damit die Notwendigkeit von Änderungen in der Serienfertigung oder später herab.

- Die FMEA ist ein eigenständiges Instrument zur selbstverantwortlichen Qualitätssicherung am Arbeitsplatz in Entwicklung und Planung.

- Die FMEA ist ein allgemein anwendbarer Vorbereitungsbaustein für weiterführende Analysetechniken und statistische Verfahren.

- Die FMEAs gliedern sich häufig in Konstruktions- und Prozeß-FMEA. Darüber hinaus können auch andere Betrachtungsfelder mit der FMEA-Systematik behandelt werden, z. B. Organisations-, Logistik-, Software-FMEA.

Die FMEA unterstützt die Denkweise des modernen „Quality-Engineering". Die Struktur der FMEA beinhaltet weitgehend bekannte Elemente von Strukturierungs-, Analyse- und Bewertungsverfahren in Verbindung mit einem Maßnahmenkatalog und der Verpflichtung zur Ergebnisprüfung.

Sie verlangt vom Anwender systematisches Dokumentieren seiner bisherigen Überlegungen und Gedanken unter dem besonderen Blick durch die „Kundenbrille" und den Willen einer kritischen Überprüfung der eigenen Arbeit. Die FMEA ist mit entsprechendem zeitlichen Aufwand verbunden, jedoch einfach in der Handhabung und in der Vorgehensweise schwerpunktorientiert. Sie bietet eine frühzeitige Abschätzung von Fehlerrisiken und den damit verbundenen Konsequenzen, unterstützt eine Schadensbegrenzung und hilft unnötige, mitunter hohe Folgekosten zu mindern oder sogar ganz zu vermeiden.

3. Erläuterungen zur Methode

3.1 Anlässe zur Bearbeitung

Die FMEA ist eine Zusammenfassung und Neuordnung der Überlegungen und Gedanken, wie sie bei einer Produktentwicklung und der zugehörigen Fertigungsplanung schon seit jeher üblich sind. Die Gedanken werden hiermit jedoch systematisiert und in dokumentierter, nachvollziehbarer Form festgehalten.

FMEAs werden beispielsweise bei Vorliegen nachstehender Neuheits- und Änderungskriterien erstellt:
- bei Neuentwicklung von Produkten
- bei Produkt-Änderung
- bei wesentlichen Prozeßänderungen
- bei nicht ausreichender Prozeßfähigkeit
- bei eingeschränkter Prüfbarkeit
- bei Sicherheitsproblemen
- bei Einsatz neuer Anlagen, Maschinen oder Werkzeuge
- bei zu vermutendem Nacharbeitsaufwand
- bei hohem Ausschußanteil
- bei Umwelt-/Arbeitsrisiken
- bei wesentlichen Organisationsänderungen.

3.2 Forderungen an das Management

Die FMEA-Methode ist ein team-orientiertes Verfahren, das in den Entwurfs- und Produktionsphasen begleitend angewendet wird. In diesen Phasen müssen zum gleichen Zeitpunkt mehrere Spezialisten zur Erarbeitung einer FMEA freigestellt werden. Diese Mitarbeiter sollten entsprechend geschult und mit dem Werkzeug der FMEA vertraut sein.

Die betriebliche Praxis hat gezeigt, daß eine Einführung der FMEA-Methode im Unternehmen nur top/down erfolgen kann.

Die Ein- bzw. Durchführung der FMEA-Methode ist deshalb nur möglich, wenn die Geschäftsleitung entschieden hinter den FMEA-Aktivitäten steht, dafür Sorge trägt, daß die Schulung der Mitarbeiter erfolgt und den erforderlichen zeitlichen sowie organisatorischen Handlungsspielraum für die Mitarbeiter schafft. Weiterhin ist das Management nach Abschluß der Analysephase gefordert, die Umsetzung der anhand einer FMEA erarbeiteten Maßnahmen zu unterstützen.

3.3 Verantwortlichkeiten und Arbeitsunterlagen

Die Durchführung von FMEAs erfolgt in Teamarbeit, da nur durch interdisziplinäre Zusammenarbeit alle anforderungsrelevanten Aspekte berücksichtigt werden können.

Verantwortlich für die Durchführung sind:
- für System-FMEA die Entwicklung,
- für Konstruktions-FMEA die Entwicklung/Konstruktion,
- für Prozeß-FMEA die Fertigungsvorbereitung/Verfahrenstechnik.

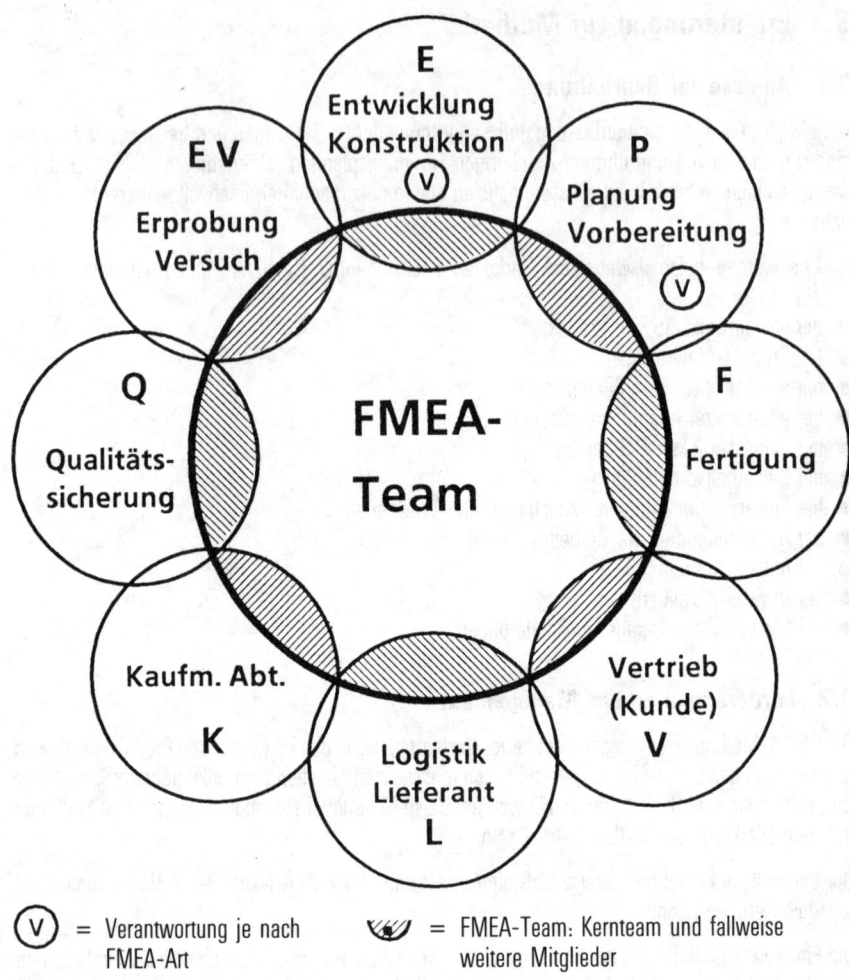

Ⓥ = Verantwortung je nach FMEA-Art

🐝 = FMEA-Team: Kernteam und fallweise weitere Mitglieder

Darstellung 3.1: FMEA-Team

Ein Kernteam soll aus dem jeweiligen Verantwortlichen und seinen direkt fachlich benachbarten Ansprechpartnern bestehen, z. B. E + P + Q + EV. Bei Bedarf wird das Kernteam von Experten aus anderen Fachabteilungen unterstützt.

Die Teamarbeit sollte durch einen Mitarbeiter, der die Techniken der Moderation und Präsentation beherrscht, unterstützt werden (Moderator). Dies gilt insbesondere, wenn teamunerfahrene Mitglieder die FMEA durchführen.

Aufgaben des Teamleiters/Moderators:
- Betreuung der Teamarbeit
- Beschaffung von Unterlagen und Daten mit Hilfe der Teammitglieder (bedarfsweise Fortschrittsberichterstattung)

- Termin- und Ergebnisplanung incl. Fortschrittsverfolgung
- Problemabhängiges Hinzuziehen der Wissens- und Erfahrungsträger
- Unterstützung der Aktivitäten und Terminverfolgung für die Umsetzung der Maßnahmen
- Aktualisierung der FMEA-Aufzeichnungen
- Sicherstellung der FMEA-Dokumentationen, so daß nur die beteiligten Mitarbeiter Zugang haben.

Das Hinzuziehen von Wissensträgern (Experten) hat folgende Vorteile:
- Klärung fachspezifischer Fragen
- Unterstützung des Teams durch Beschaffung von Informationen
- Einbringung von Erfahrung und Wünschen bei der Auswahl von Maßnahmen
- Unterstützung bei der Umsetzung von Maßnahmen in den entsprechenden Fachabteilungen.

Die Durchführung erfolgt in mehreren Schritten in kleineren und größeren Arbeitsrunden. Jedes FMEA-Treffen muß gründlich vorbereitet sein. Benötigte Unterlagen sind beispielsweise:
- Checkliste für die wichtigsten Q-Merkmale/Q-Forderungen (= produktbezogene Q-Ziele)
- Liste mit den derzeitig gravierendsten Problemen im Qualitätsmanagement
- Lastenheft
- Systemspezifikationen
- Schnittstellenangaben
- Sicherheitsvorschriften, gesetzliche Vorschriften, Normen
- Zeichnungen, Sammellisten, Schaltpläne
- Funktionsbeschreibungen
- Informationen über Probleme bei Produkten, Verfahren, Materialien
- Arbeitsablaufplan von vergleichbaren Produkten
- Prüfpläne vergleichbarer Produkte, Ablaufpläne
- Kataloge mit Beschreibung für
  - Fehlerursachen, Fehlerarten und deren Wirkung
  - Liste möglicher Fehlerverhütungs- und Prüfmaßnahmen
  - Bewertungskriterien für Auftreten, Bedeutung, Entdeckung
- Felderfahrungen, Versuchsberichte
- Einschlägige Normen wie DIN ISO 9001, DIN 25 448
- FMEA-Formblätter und Bewertungstabellen, ggf. Rechnerprogramme

3.4 Häufige FMEA-Arten und Zusammenhänge

System-, Konstruktions- und Prozeß-FMEA

Die System-FMEA ist der Konstruktions-FMEA vorgeschaltet. Die System-FMEA untersucht die Komponenten (Baugruppenuntersysteme) eines Systems auf die Funktionstüchtigkeit. Sie beschreibt die Schnittstellen-Funktionen zwischen den einzelnen Komponenten, ohne die Komponente selbst zu untersuchen, z. B. System: Relais (Hauptfunktion Strom schalten). Die daraus abzuleitenden Fehlerarten beziehen sich auf Funktionserfüllung an den Schnittstellen, die Komponenten als Ganzes, z. B. „Relais schaltet nicht."

Die Konstruktions-FMEA untersucht nun die Komponenten (Baugruppen/Teile) selbst hinsichtlich der Erfüllung beschriebener Teilfunktionen. Die Teilfunktionen und die dazugehörenden Funktionselemente werden über eine Funktionsanalyse zugeordnet, z. B. (Relais-)Teilfunktion „Magnetfeld erzeugen"/Funktionselement „Spule". Aus den Teilfunktionen lassen sich nun bekannte und potentielle Fehlerarten ableiten, z. B. „Magnetfluß zu gering" (weil Wicklung falsch dimensioniert).

Die Konstruktions-FMEA beinhaltet somit alle Gedanken des Entwicklers (Konstrukteurs) hinsichtlich der Funktion von Baugruppen und Funktionsteilen (Teilschaltungen bei Elektronik). Die Konstruktions- FMEA beinhaltet das komplette Entwicklungs-Know-how der betrachteten Einheit und die kritische Betrachtung des Designs mit dem Ziel robusten Designs.

Die Konstruktions-FMEA liefert oft eine Basis für die Prozeß-FMEA. Während die Konstruktions-FMEA auch einen risikobehafteten Fertigungsprozeß (z. B. Spulen wickeln/zu hohe Windungszahl) als Ursache annehmen kann, wird dieser Fertigungsschritt bei der Prozeß- FMEA als mögliche Fehlerart aufgegriffen und weiter analysiert, um festzustellen, warum der Fertigungsschritt fehlerhaft sein kann (z. B. Zähler für Windungszahl setzt aus).

Bei der Prozeß-FMEA steht also nicht das Funktionsteil oder die Baugruppe im Vordergrund, sondern die Tätigkeit, ein Arbeitsschritt (Arbeitsposition) innerhalb einer Arbeitsfolge beziehungsweise eines Prozesses. Der Schritt ist bis ins Detail zu analysieren und die risikoarme Machbarkeit aufzuzeigen mit dem Ziel der Gestaltung beherrschter Prozesse. Prozeß-FMEAs sind weitgehend produktunabhängig gestaltbar.

Das Beispiel zeigt, daß es zwischen den FMEA-Arten Verknüpfungen im Sinne einer Ursachen-Wirkungs-Kette FU-FA-FF gibt (Bild 3.2). So entspricht eine Konstruktions-Ursache in der S-FMEA der FA in der K-FMEA, und eine Prozeß-Ursache in der K-FMEA ist der Fehlerart in der P-FMEA gleich. Die unmittelbare Fehlerfolge entspricht jeweils der Fehlerart der höheren FMEA-Art.

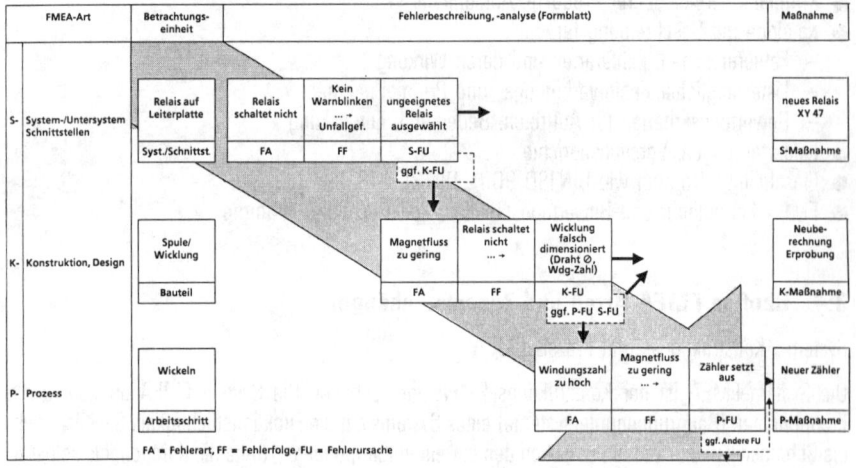

Darstellung 3.2: Verknüpfung der FMEA-Arten

In erster Linie sind die der FMEA-Art zuordenbaren Fehlerursachen (FU) detailliert zu ermitteln und die entsprechenden Maßnahmen abzuleiten. Darüber hinaus können ggf. auch Fehlerursachen der tiefergehenden FMEA-Art aufgelistet werden, allerdings mehr allgemein, denn eine detaillierte Beschreibung erfolgt dann in der jeweiligen FMEA-Art.

Letztlich ergeben alle FMEAs eines betrachteten Systems, gemäß der systematischen Gliederung des Vorlaufs, ein zusammenhängendes Gebilde.

Für andere Betrachtungseinheiten, wie Kaufteile, Fertigungsmittel, Abläufe, Logistik, Software usw. können analoge FMEAs erstellt werden.

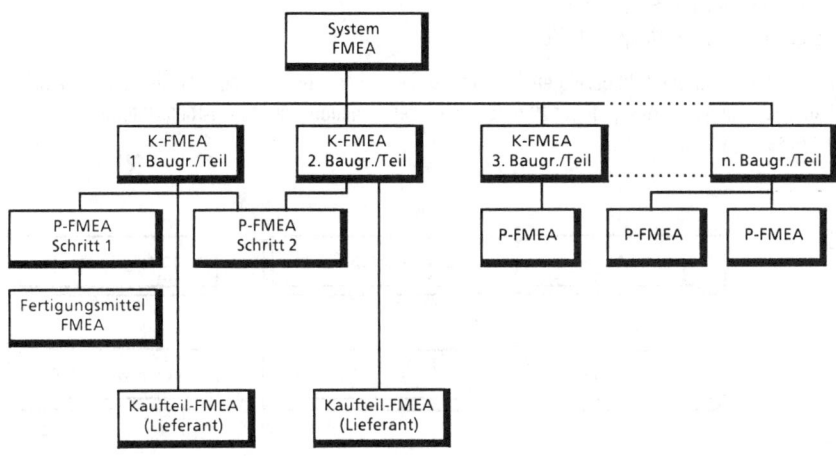

Darstellung 3.3: FMEA-Zusammenhänge

Damit möglichst viele FMEA-Erkenntnisse vielfach genützt werden können, bietet sich folgende Überlegung an: Produkte (Teile) als auch Prozesse (Arbeitsschritte) lassen sich oft in Standardelemente und funktions- bzw. produktspezifische Elemente aufteilen. Die daraus resultierenden Standard-FMEAs sind dann mehrfach verwendbar. Standard-FMEAs beinhalten noch keine Risikobewertung.

Der Gesamtaufwand der FMEA-Erstellung läßt sich damit erheblich reduzieren, und Ergänzungen/ Änderungen brauchen nur einmal vorgenommen zu werden.

Eine FMEA besteht dann aus zwei Teilen:

- K-FMEA für Standardelement mit Grundfunktionen und Fehlerbeschreibung plus Elementergänzung mit spezifischen Funktionen
- P-FMEA für produktunabhängigen Standard-Arbeitsschritt und Fehlerbeschreibung plus produktspezifischen Ergänzungen

Die Risikobewertung und die Maßnahmen werden dann für beide Teile gemeinsam angestellt.

4. Bearbeitungsfolge

4.1 Phasenplan

Grundsätzlich ist die Realisierung der FMEA in drei Phasen zu empfehlen:
- Vorlauf
- Durchführung (FMEA-Struktur)
- Ergebnisprüfung/Erfolgskontrolle

Die im untenstehenden Bild gezeigten Aufwandsangaben basieren auf einer detaillierten, systematischen Gliederung und Auswahl der zu untersuchenden Funktionsteile bzw. Arbeitsschritte innerhalb der Phase 1 „Vorlauf".

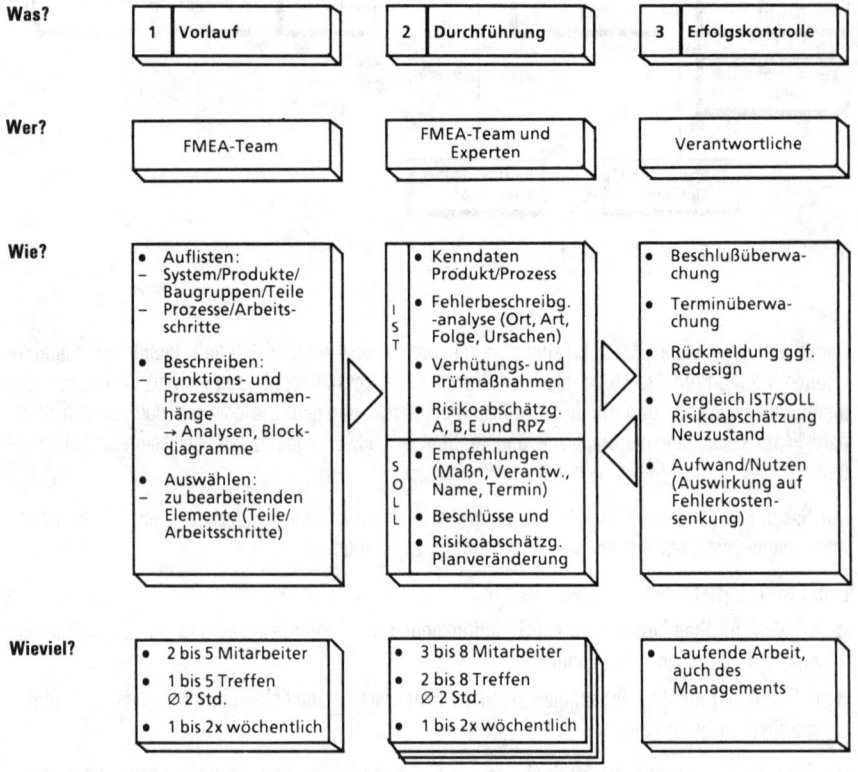

Darstellung 4.1: Phasenplan

Die Vorgehensweise bei der Teambildung, die Arbeiten des Vorlaufs und der Durchführung sind in einem 6-Schritte-Arbeitsplan stichwortartig beschrieben (siehe Anlage 1).

4.2 Vorlauf: Strukturierung und Funktionsanalyse

Wesentlicher Bestandteil des Vorlaufes ist eine systematische Gliederung und Strukturierung in einzelne Betrachtungseinheiten, wie
- Systemkomponenten (Baugruppen) bei der System-FMEA
- Funktionselemente (-teile) bei der K-FMEA und
- Arbeitsschritte bei der P-FMEA.

☐ Bei der K-FMEA eignet sich für die funktionale produktbezogene Gliederung:
   - die technische Struktur gemäß Sach-Nr.-Schema, Stücklisten usw. In der Elektronik kann es sinnvoll sein, die Stücklistenstruktur zu verlassen und statt dessen Teilschaltungen zu betrachten.
   - Beschreibung der Funktionen (Funktionsanalyse) je Betrachtungseinheit.

Tab. 1.2 K-FMEA	FUNKTIONSANALYSE		Erstellt durch (Name/Abt.) K (H)		Datum 10.4.	
	Baugruppe (Produkt) Relais		Sach-Nummer CX 12.046	Änderungsstand	Blatt 1	
					Seite 1	
	(Funktionsbereich im System)					
1	Hauptfunktion (Baugruppe s.o.)		Blinkstrom schalten			
	Teilfunktionen (Was?)		Funktionselemente/-teile (Wie?)		Bemerkungen/Schnittstelle	
1.1	Strom leiten		Anschlußfahnen f. Federn		Haltekräfte im Stecker	
			Wicklungsanschlüsse		Lötfähigkeit	
			Wicklung			
1.2	Magnetfluß erzeugen		Spule: Wicklung			
			" : Körper			
1.3	Betätigungskräfte erz.		Magnetsystem: Kern, Joch		Abstand zu Gehäuse	
			Anker			
1.4	Strom schalten		Kontaktfedern			
			Rückholfeder		Abstand zu Gehäuse	

Darstellung 4.2: Beispiel Funktionsanalyse Relais

In Verbindung damit ist die grafische Darstellung als Funktionsblockdiagramm, ähnlich den Blockschaltbildern in der Elektrotechnik, zu sehen.

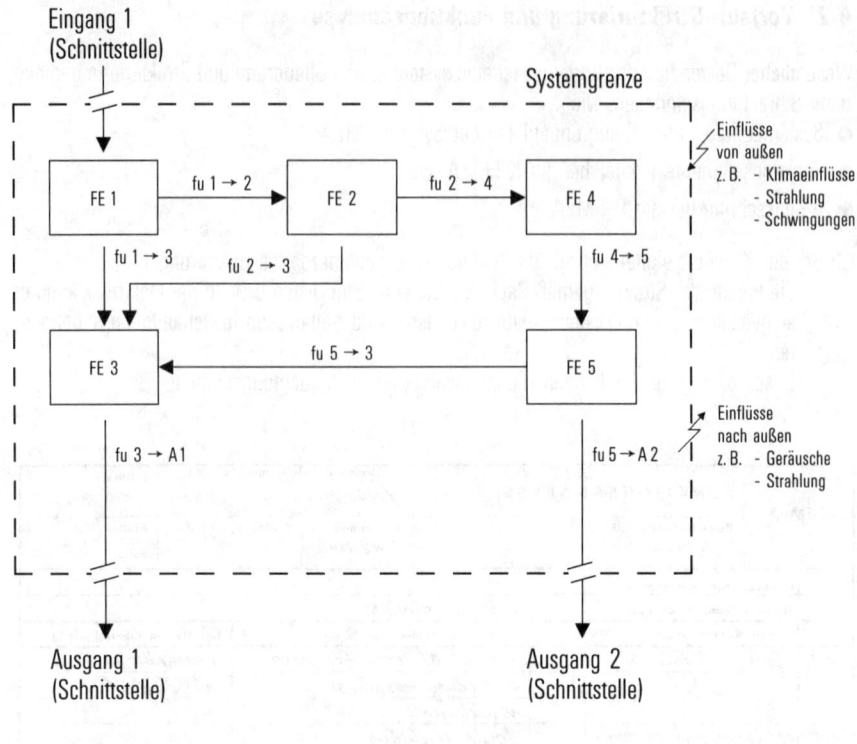

Darstellung 4.3: **Funktionsblockdiagramm: Prinzip**

Legende:
- FE — Funktionseinheit
- fu 2 → 3 — Funktion der FE 2 zu FE 3
- → — Wirkrichtung
- - - - — "System"-Grenze
- ⊣ ⊢ — Schnittstelle
- ⚡ — Einflüsse von/nach außen

Darstellung 4.3: Funktionsblockdiagramm (Prinzip)

Funktionsblockdiagramm – FBD

- Funktionsblockdiagramme werden jeweils für eine Gruppe funktional verknüpfter Funktionseinheiten (FE) erstellt. Umfang und Abgrenzung zu benachbarten FBD sind fallweise unterschiedlich.
- Das FBD bildet das Zusammenwirken (Zusammenhänge, Abhängigkeiten) der einzelnen Funktionselemente/-baugruppen ab und zeigt die Schnittstellen und Störgrößen von und nach außen auf. Gegen die Störgrößen sind in der Funktionsanalyse für die betroffenen Funktionseinheiten entsprechende „Schutzfunktionen" festzulegen.
- Jede Funktionseinheit wird als „black box" dargestellt, betrachtet mit Angabe der Eingänge und Ausgänge.
- Hat die Funktionseinheit mehrere Funktionen, so ist jede Funktion getrennt zu betrachten.

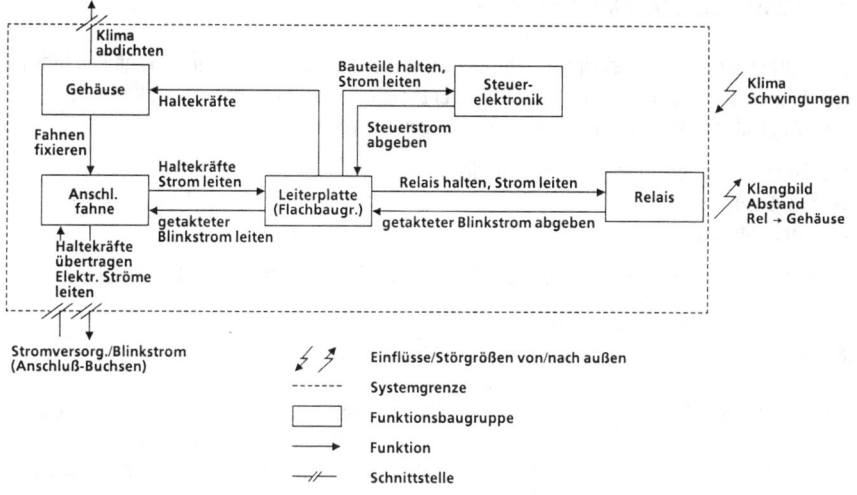

Darstellung 4.4: Funktionsblockdiagramm (FBD), Beispiel

☐ Bei der Prozeß-FMEA eignen sich zur tätigkeitsbezogenen Gliederung:
  - Prozeßablaufpläne
  - Arbeitspläne (Fertigungspläne) und Arbeitspositionen
  - Beschreibung der Anforderungen (Anforderungsanalyse)

Tab. 2.2 P-FMEA	ANFORDERUNGS-(FUNKTIONS-)ANALYSE		Erstellt durch (Name/Abt.) ⌀, ⋈⋜⋎		Datum 14.5.94	
	Arbeitsfolge	Löten	Sach-Nummer AX 12.002	Änderungsstand	Blatt 1 Seite 1	
3.	(Prozess)	Flachbaugruppe herstellen				
	Hauptfu. (Arbeitsfolge s.o.)	elektrische Verbindungen Leiterbahn/Anschlüsse Bauelement				
	Anforderungen (Was?)		Arbeitsschritte (Wie?)		Bemerkungen/Schnittstelle	
3.1	In Lötrahmen spannen		Vorbereiten			
			Transportieren			
3.2	Flußmittel gleichm. auftrag.		Fluxen			
3.3	spez.-gerecht schwallen		Schwallen		Transport gleichmäßig	

Darstellung 4.5: Beispiel Anforderungsanalyse

Die Auswahl der zu bearbeitenden Betrachtungseinheiten (Teil bzw. Arbeitsschritt) kann z. B. mit Hilfe der Neuheits- und Änderungskriterien im Abschnitt 3.1 erfolgen.

4.3 Durchführung, FMEA-Struktur

Die Eintragungen erfolgen in einem einheitlichen Formblatt. Der Formblattaufbau kann den firmenspezifischen Gegebenheiten angepaßt werden. Er basiert meist auf den FMEA-Formblättern, wie sie vom Verband der Automobilindustrie (VDA) angeboten werden.

Das Formblatt in der Anlage 2 beinhaltet die
- Kopfdaten
- FMEA-Struktur.

Die nachfolgenden Erklärungen beziehen sich auf die Musterstruktur (Darstellung 4.6).

Die Struktur gliedert sich in mehrere Abschnitte:
Spalten 1 bis 5	Betrachtungseinheit (Teil oder Arbeitsschritt) mit Fehlerbeschreibung
Spalten 6 bis 10	Risikobewertung des Zustands zum Zeitpunkt der FMEA-Erstellung (derzeitiger Zustand) mit Verhütungs- und Prüfmaßnahmen
Spalten 11 und 12	Empfehlungen für Verbesserungen mit Veränderung des Risikos
Spalten 13 bis 17	Neubewertung des Risikos im verbesserten Zustand, auch zum Vergleich und zur Ergebnisprüfung

Darstellung 4.6: FMEA-Struktur

Spalte 1 Baugruppe/Teil; Prozeß/Arbeitsschritt

Es sind die zu analysierenden Teile bzw. Arbeitsschritte aufzuführen. Stichwortartige Beschreibung der Funktionen (Teil) bzw. Anforderungen, Q-Merkmale (Arbeitsschritt) sind sinnvoll.

Das Beispiel aus einer Prozeß-FMEA zeigt in Spalte 1 „Spule wickeln". In Klammern ist die Anforderung (Funktion) an den Arbeitsschritt angegeben: gleichförmig wickeln gem. Anweisung 014.325.

Spalte 2 Fehlerart

Es ist jeder denkbare Fehler aufzulisten. Dabei ist davon auszugehen, daß der Fehler auftreten kann, aber nicht unbedingt auftreten wird. Es ist die Frage zu beantworten: „Wie würde sich der Fehler äußern, wenn die beschriebene Funktion/Anforderung nicht oder nur teilweise erfüllt wird?"

Fehler sollten mit physikalischen Begriffen beschrieben werden und nicht als Fehlerfolge, wie sie der „Kunde" wahrnimmt (diese Fragestellung wird in der nächsten Spalte „Fehlerfolgen" dokumentiert).

Es sind auch Fehler zu beschreiben, die erst unter Gebrauchs-, Betriebsbedingungen und Umfeldeinflüssen auftreten.

Als Ausgangspunkt werden frühere FMEAs oder Aufschreibungen hinsichtlich Qualität, Zuverlässigkeit von ähnlichen oder vergleichbaren Produkten und Prozessen empfohlen.

Das Beispiel zeigt in Spalte 2 „Windungszahl zu hoch".

Spalte 3 Fehlerfolgen

Es sei angenommen, daß der Fehler aufgetreten ist. Es ist zu beschreiben: „Was geschieht, falls der beschriebene Fehler (wirklich) auftritt?" Es werden die unmittelbaren und mittelbaren Wirkungen des Fehlers auf den „Kunden" beschrieben, wobei immer der ungünstigste Fall (worst case) anzunehmen ist. „Kunde" kann je nach Fehlerauswirkung ein weiterverarbeitender Prozeßschritt (interner Kunde) oder der Endbenutzer (externer Kunde) sein. Kunde ist immer derjenige, bei dem der ungünstigste Fall auftreten kann.

Bei der Beurteilung ist darauf zu achten, daß nicht nur die Auswirkungen auf das Einzelteil (bzw. Arbeitsschritt), sondern auch auf das Gesamtsystem (bzw. Prozeß) betrachtet werden.

Fehlerfolgen sind im allgemeinen als Eigenschaften beschrieben.

Das Beispiel zeigt in Spalte 3 „Spulen-Widerstand zu hoch" → Magnetfluß zu gering → Relais zieht nicht an → Ausfall in der Endprüfung".

Spalte 4 Control Item D

Hier wird durch ein Kurzzeichen J (Ja) signalisiert, ob es sich um ein sicherheitsrelevantes, dokumentationspflichtiges Teil oder Arbeitsschritt handelt. Ansonsten enthält Spalte 4 dann den Eintrag N oder –.

Spalte 5 Fehlerursachen

Es ist jede bekannte und gedachte Fehlerursache aufzuführen, die dem aufgezeigten Fehler und seinen Folgen zugeordnet werden kann. Die Ursachen sind so vollständig wie möglich anzugeben, so daß gezielte Abstellmaßnahmen bestimmt werden können. Die Ursachen können gemäß den 5 Ms – Mensch, Maschine, Material, Methode und Mitwelt – gegliedert sein. Hilfreich hierfür ist die Darstellung mit dem Ursachen-Wirkungs-Diagramm (Beispiel Anlage 3).

Fehlerursachen sind im allgemeinen als physikalische Begriffe oder als Eigenschaften beschrieben.

Das Beispiel zeigt in Spalte 5 „Zähler für Windungszahl defekt, setzt aus".

Spalte 6 Verhütungs-/Prüfmaßnahmen
(derzeitiger Zustand IST)

Es sind die Fehlerverhütungs- und/oder Prüfmaßnahmen aufzulisten, die bereits im Einsatz sind und die dazu dienen können, die betrachteten Fehlerursachen und die sich hieraus ergebenden Fehler zu verringern (Verhütung) bzw. zu entdecken (Prüfung). Für Neuentwicklungen bzw. bei neuen Prozeßschritten werden die „geplanten" Maßnahmen herangezogen. Sind keine Maßnahmen geplant, ist in Spalte 6 „keine" einzutragen.
Das Beispiel zeigt in Spalte 6 „Zähler periodisch kalibrieren".

Spalte 7 Auftreten

Es ist das Auftreten der Fehlerursache (bzw. der Fehlerart infolge der Ursache) anhand einer von 1 bis 10 reichenden Skala, Tabelle 4.7, zu schätzen. Für die Bewertung des Auftretens ist es unwichtig, ob der Fehler entdeckt oder nicht entdeckt wird.
Der Risikofaktor A signalisiert, inwieweit robustes Design (Konstruktion) bzw. beherrschte Prozeßschritte vorliegen.

Die Ermittlung der Bewertungsziffern kann auch mittels einer Auswahltabelle für Design-(Konstruktions-)Maßnahmen erfolgen (Anlage 4).

A Auftreten

Bewertungsziffer	Erläuterung
1	**Kein** Fehlerursache (Fehler) tritt nicht auf. Robustes Design; alle erforderlichen Design-Maßnahmen berücksichtigt (95 % < Erfüllungsgrad EG). Fähiger Prozeß (Fehler-Anteil ~ 0 %)
2–3	**Sehr gering** Design entspricht bewährten und erprobten Entwürfen. Die wichtigsten (unbedingten) Design-Maßnahmen wurden berücksichtigt (85 % < EG ≦ 95 %) Prozeß statistisch beherrscht: $\bar{x} \pm 4\,s$ bis $\bar{x} \pm 3\,s$ (1/20.000 < F-Anteil < 1/2.000)
4–6	**Gering** Design entspricht früheren Entwürfen mit geringen Schwachstellen (Fehlern). Etwa dreiviertel der wichtigen (unbedingten) Design-Maßnahmen berücksichtigt (60 % < EG < 85 %). Prozeß bringt noch geringen Fehleranteil (1/2.000 < F-Anteil < 1/200)

Bewertungsziffer	Erläuterung
7–8	**Mäßig** Design ist problematisch. Vergleichbare Lösungen führten wiederholt zu Fehlern. Wichtige Design-Maßnahmen nicht berücksichtigt (50 % < EG < 60 %) Prozeß ist problematisch (1/200 < F-Anteil < 1/20)
9–10	**Hoch** Design sehr unsicher. Keine vergleichbaren Lösungen verfügbar/berücksichtigt. Design-Maßnahmen in geringem Umfang berücksichtigt (EG < 50 %) Prozeß nicht fähig. Fehler treten in großem Umfang auf (50 % < F-Anteil)

Tabelle 4.7: Auftreten von Fehlerursachen bzw. Fehlern

- Der Erfüllungsgrad EG signalisiert die Berücksichtigung der für die jeweilige F-Ursache relevanten Design-Maßnahmen (s. a. Auswahltabelle für Design-Maßnahmen in Anlage 4).
- Das Auftreten des Fehlers bezieht sich auf die Fehlerursache.
- Hohe Bewertungsziffern signalisieren unsichere Funktionselemente bzw. nicht beherrschte Prozeß-Schritte.
- Die Auftretenshäufigkeit des Fehlers kann nur durch Änderungen
  - des Designs (Konstruktion) und/oder
  - des Prozesses
  verbessert werden.
- Bei A und B $\geq$ 8 ist auch für kleinere RPZ intensivere Analyse erforderlich.
- Wenn die Ursache eliminiert ist, wird bei „verbessertem Zustand" A = 1 und E = 1, B bleibt; somit ist RPZ = B.

Spalte 8 Bedeutung

Die Bedeutung orientiert sich an den Fehlerfolgen (Spalte 3). Sie wird mit Tabelle 4.8 anhand einer Skala von 1 bis 10 bewertet. Der Risikofaktor B beschreibt also, wie schwerwiegend der „Kunde" die Fehlerfolge aus seiner Sicht betrachtet. Die Fehlerfolge ist als ungünstigster Fall (worst case) zu beschreiben. Bei der Punktevergabe kann der Kunde mitwirken.

B Bedeutung (Auswirkung aus der Sicht des „Kunden")

Bewertungsziffer	Erläuterung
1	Keine Fehlerauswirkung, kaum wahrnehmbar: Der Fehler wird keine wahrnehmbare Auswirkung auf das Verhalten des Produkts oder die Weiterverarbeitung der Teile/Materialien haben. Der „Kunde" wird den Fehler wahrscheinlich nicht bemerken.
2–3	Geringe Fehlerauswirkung: Die Auswirkung ist unbedeutend, und der „Kunde" wird sich nur geringfügig betroffen fühlen. Er wird wahrscheinlich nur eine geringe Beeinträchtigung des Systems bemerken.
4–6	Mäßig schwere Fehlerauswirkung: löst Unzufriedenheit beim „Kunden" aus. Der „Kunde" fühlt sich belästigt oder ist verärgert. Er wird die Beeinträchtigungen des Systems oder der Bearbeitbarkeit bemerken (z. B. Nachbesserung in Folgearbeitsgängen, erschwerte Bedienbarkeit).
7–8	Schwere Fehlerauswirkung: löst große Verärgerung des „Kunden" aus (z. B. ein nicht betriebsbereites Produkt oder nicht funktionierende Teile der Ausstattung) bzw. Teile sind nicht weiterverarbeitbar. Die Sicherheit oder eine Nichtübereinstimmung mit den Gesetzen ist hier noch nicht angesprochen.
9–10	Äußerst schwerwiegende Fehlerauswirkung: führt zum Betriebsausfall (9) des Produkts oder beeinträchtigt möglicherweise die Sicherheit und/oder die Einhaltung gesetzlicher Vorschriften beeinträchtigt (10).

Tabelle 4.8: Bedeutung von Fehlern

- Die Bedeutung des Fehlers orientiert sich an den Fehlerfolgen.
- Die Bedeutungsziffer ist innerhalb einer Fehlerfolge gleich.
- Bei D-Forderung (Dokumentation/Sicherheit) ist B = 10.
- Kunde ist immer derjenige, bei dem der ungünstigste Fall auftreten kann:
  – bei einer Konstruktions-FMEA ist meist der Endbenutzer eines Produkts der „Kunde".
  – bei einer Prozeß-FMEA ist jeweils der letzte Arbeitsschritt, bei dem der Fehler zu Störungen der Weiterbearbeitung führen kann, der „Kunde". Im ungünstigsten Fall ist der Endbenutzer der „Kunde".

- Die ermittelte Bedeutungsziffer kann durch Reduzieren des Auftretens oder der Verbesserung der Entdeckbarkeit nicht beeinflußt werden.
- Die Bedeutung kann nur durch Design-(Konstruktions-) Änderung beeinflußt werden, wenn z. B. Hauptfunktionen durch entsprechende Maßnahmen zu Nebenfunktionen werden.

Spalte 9 Entdeckbarkeit

Die Möglichkeit, einen Fehler zu entdecken, wird anhand einer Skala von 1 bis 10 mit der Tabelle 4.9 geschätzt. Bei der Bewertung geht man davon aus, daß die Fehlerursache aufgetreten ist und vergibt Punkte für die Wirksamkeit der Prüfmaßnahmen oder ihr gleichkommender Arbeitsschritte aus der Sicht der betrachteten Arbeitsphase (Design) bzw. des Arbeitsschrittes (Prozeß). Der Risikofaktor E gibt an, inwieweit die Fehlerursache (Fehlerart) vor Weitergabe an die nächsten Arbeitsschritte bzw. den externen Kunden entdeckt werden kann.

| E | Entdeckbarkeit (vor Auslieferung an den „Kunden") |

Bewertungsziffer	Erläuterung
1	**Hoch** Fehlerursache (-art), die im betrachteten oder dem nächsten Arbeitsschritt zwangsläufig entdeckt wird (z. B. Montagebohrung fehlt). $E > 99{,}99\,\%$
2–5	**Mäßig** Augenscheinliches Merkmal (z. B. Bemaßung, Teil fehlt). Automatische Sortierprüfung eines einfachen Merkmals (z. B. Vorhandensein einer Bohrung). $99{,}7\,\% < E \leq 99{,}99\,\%$
6–8	**Gering** Traditionelle Prüfung (Tests, Versuche, Stichprobenprüfung attributiv bzw. messend). $98\,\% < E \leq 99{,}7\,\%$
9	**Sehr gering** Nicht leicht zu erkennendes Merkmal (z. B. Materialauswahl falsch, Leitungsverbindung nur teilweise gesteckt). Visuelle oder manuelle Sortierprüfung (Personenabhängigkeiten). $90\,\% < E \leq 98\,\%$
10	**Keine** Die Fehlerursache (-art) wird nicht geprüft oder kann nicht geprüft/ erkannt werden (z. B. unzugänglich, keine Prüfmöglichkeit, Lebensdauer).

Tabelle 4.9: Entdeckbarkeit von Fehlerursachen bzw. Fehlern

!
- Die Entdeckbarkeit ist vom Zeitpunkt der betrachteten Arbeitsphase (K bzw. P) aus zu sehen.
- Fehler, die erst im übernächsten oder in weiteren Arbeitsschritten zwangsläufig entdeckt werden, sind mit E > 1 zu bewerten (z. B. Kostengründe).
- Fehlerverhütungs- und Prüfmaßnahmen für das Design (Konstruktion), z. B. Design-Review, Versuche, Zeichnungsprüfung, beziehen sich auf die Entdeckbarkeit noch in der Design-Phase. Für Design-Fehler, die erst beim internen Kunden (Fertigungsvorbereitung) entdeckt werden, ist mit E = 9, bei Entdeckung erst beim externen Kunden ist mit E = 10 zu bewerten (Folgekosten).
- Die Entdeckbarkeit bezieht sich bei der Prozeß-FMEA auf den betrachteten bzw. die folgenden Arbeitsschritte, einschließlich der Prüfschritte.
- Für gleiche Prüfung (Umfang, Art, Methode) ist die Entdeckbarkeitsbewertung gleich.
- Die Entdeckbarkeit des Fehlers kann durch Änderungen
  - des Designs (Konstruktion)
  - der Prozesse (SPC)
  - der Prüfungen
  verbessert werden.

Spalte 10 Risikoprioritätszahl (RPZ)

Die Risikoprioritätszahl wird durch Multiplikation der drei Risikofaktoren ermittelt.

Formel RPZ = A · B · E   wobei   RPZ: Risikoprioritätszahl
A: Auftretenshäufigkeit (Tabelle 4.7)
B: Bedeutung (Tabelle 4.8)
E: Entdeckbarkeit (Tabelle 4.9)

Sie dient als Orientierungsgröße und zur Schwerpunktbildung (Rangfolge) der Fehlerrisiken. Eine Verbesserung der Situation ist vorrangig für solche Fehlerursachen vorzuschlagen, die eine hohe Prioritätszahl erhalten haben und/oder hohes Auftreten bzw. hohe Bedeutung haben.

- Die RPZ liegt zwischen 1 und 1000.
- Die RPZ gibt Hinweise, mit welcher Priorität Verbesserungsmaßnahmen zu erarbeiten sind. Schwerpunktmäßig vorgehen!
- Die RPZ ist also nicht alleinige Entscheidungsgrundlage. Sie muß stets in Verbindung mit den Einzelbewertungen gesehen werden:
  Hierbei gilt – Hohe RPZ mit hohem Auftreten (Ursachen) sind vorrangig zu bearbeiten.
  – Jeder Ursache mit A und/oder B $\geq$ 8 sollte zudem intensiv nachgegangen werden.
- Einen allgemein gültigen RPZ-Schwellenwert festzulegen ist nicht sinnvoll.

Im Beispiel ergibt sich: 6 · 8 · 8 = 384

Die Festlegung der Bewertungsziffern ist weitgehend von der subjektiven Einschätzung der Team-Mitglieder abhängig. Deshalb sollten Bewertungen innerhalb einer FMEA immer vom gleichen Team erfolgen, um unterschiedliche Grundeinschätzungen zu vermeiden.

Bewertungskataloge sind mit zunehmender Detaillierung eine Hilfe bei der Optimierung der Bewertung.

Im Sinne des Null-Fehler-Gedankens ist die ständige Verbesserung der untersuchten Einheiten eine Aufforderung, z. B. nicht bei einem RPZ-Wert, z. B. von 125, stehenzubleiben und sich zufrieden „zurückzulehnen".

Die oben beschriebene Drei-Faktoren-Bewertung ist in der FMEA- Praxis üblich. Zum anderen gibt es auch die Möglichkeit der Zwei- Faktoren-Bewertung, wie sie von W. Geiger beschrieben wurde (s. a. Hauptabschnitt 7).

Spalte 11 Empfohlene Abstellmaßnahmen

Die Einleitung gezielter Abstellmaßnahmen ist von äußerster Wichtigkeit. Selbst gründlich erarbeitete FMEAs sind ohne die Durchführung von Verbesserungsmaßnahmen wertlos. Die Verantwortung liegt bei den benannten Abteilungen und Mitarbeitern (Spalte 12).

Ausgehend von der Analyse können Abstellmaßnahmen eingesetzt werden, um
- die Fehlerursache auszuschalten und das Auftreten zu reduzieren. Hierzu sind Konstruktions- oder Prozeßänderungen erforderlich, um z. B. zu verhindern, daß Teile ähnlicher Konstruktion verwechselt werden. Statistische Methoden sollten zur Prozeßuntersuchung eingesetzt und die Ergebnisse den zuständigen Bereichen zur ständigen Verbesserung und Fehlervermeidung zur Verfügung gestellt werden.
- die Bedeutung des Fehlers zu reduzieren. In der Regel läßt sich wenig erreichen, ohne dabei Konstruktionsänderungen am Produkt (Teil) vorzunehmen oder die Applikation zu verändern, z. B. Redundanzen vorzusehen wie Doppelkontakte anstatt Einzelkontakte.
- die Entdeckbarkeit vor Weitergabe zu erhöhen. Hierzu sind Design- oder Prozeßänderungen zu empfehlen, zumindest ist die Wirksamkeit derzeitiger Prüfmaßnahmen zu erhöhen. Im allgemeinen sind fehlerentdeckende Maßnahmen aber kostenintensiv und führen nicht zur Qualitätsverbesserung. Die Erhöhung der Prüffrequenzen ist keine sinnvolle Abstellmaßnahme und sollte nur als Notlösung oder vorübergehende Maßnahme angewendet werden.

Grundsätzlich sind fehlervermeidende Maßnahmen, d. h. solche, die das Auftreten reduzieren, fehlerentdeckenden vorzuziehen, z. B. statistische Prozeßregelung anstelle von Stichprobenprüfungen. Sollten keine Abstellmaßnahmen erforderlich sein, so ist dies entsprechend zu vermerken.

Zu empfehlen ist, auch die daraus erwartete Veränderung Δ der Bewertung $RPZ = A \cdot B \cdot E$ zu dokumentieren. Sie dient als Entscheidungshilfe zur Genehmigung der vorgeschlagenen Maßnahmen.

Im Beispiel wurde in Spalte 11 „Zählergetriebe säubern" eingetragen. Erwartete Veränderung $(3 \cdot 8 \cdot 8 = 192)$.

Spalte 12 Verantwortlichkeit, Termin

Die für die Durchführung von Abstellmaßnahmen verantwortliche Stelle und möglichst der zuständige Bearbeiter sind in Spalte 12 einzutragen, ebenso eine Terminvorgabe, wann die Abstellmaßnahme realisiert sein sollte.

Im Beispiel wurde in Spalte 12 „Fertigungstechnik, 30.9." eingetragen.

Spalte 13 Getroffene Maßnahmen, Realisierungstermin

Erst wenn die vereinbarte Maßnahme eingeführt wurde, erfolgen ab Spalte 13 die Eintragungen der reell getroffenen Maßnahme und des Realisierungstermins (das Datum weist den Zeitpunkt des überarbeiteten Zustands aus in Abgrenzung zum Plantermin in Spalte 12). Sollte die empfohlene Maßnahme (z. B. wegen zu hoher Kosten, zu langer Realisierungsdauer, usw.) nicht durchführbar sein, so ist dies zu vermerken. Die realisierte Maßnahme kann auch, wie hier gezeigt, von der empfohlenen Maßnahme abweichen.

Im Beispiel ist die getroffene Maßnahme „Neuer Zähler installiert mit Regelung, 1.10." eingetragen.

Spalten 14, 15, 16 Erneute Risikobewertung (verbesserter Zustand)

Die Fehlerursachen bzw. getroffenen Maßnahmen sind nun für die verbesserte Situation entsprechend Spalten 7, 8 und 9 zu bewerten. Nun kann ein Vergleich zur Ausgangssituation und der erwarteten Situation (Spalte 11) erfolgen. Die zunächst abgegebene Erwartung soll nicht gelöscht oder überschrieben werden. Die Forderung nach Rückverfolgbarkeit von Maßnahmen verlangt diese Vorgehensweise.

In die Spalten 14, 15 und 16 wird die Punktebewertung eingetragen: im Beispiel $2 \cdot 8 \cdot 4$.

Spalte 17 Neue (überarbeitete) Risikoprioritätszahl

Entsprechend Spalte 10 ist die neue Risikoprioritätszahl zu berechnen.

Nach der Realisierung der getroffenen Maßnahmen wurde bewertet: RPZ = 64.

Im Beispiel wurde zunächst ein Ist-Wert von 192 ermittelt. Die getroffene Maßnahme erbrachte reell dann 64.

Sind mehrere Maßnahmen für dieselbe Fehlerursache getroffen worden, jedoch mit unterschiedlichen Einsatzterminen, so ist die sich zuerst ergebende Risikoprioritätszahl durchzustreichen (nicht löschen) und die sich jeweils neu ergebende Risikoprioritätszahl darunter zu schreiben.

4.4 Ergebnisprüfung/Terminverfolgung

Der eigentliche Kernpunkt jeder FMEA ist es, anhand der vorangegangenen Analyse schwerpunktmäßig geeignete Abstellmaßnahmen einzuleiten und das Ergebnis zu prüfen. Selbst sorgfältig erarbeitete FMEAs sind ohne entsprechend realisierte Verbesserungen absolut wertlos.

Die Rangfolge und Notwendigkeit der Verbesserungen wird angeregt durch die Risikoprioritätszahl. Je größer die RPZ ist, um so vordringlicher sind die Abstellmaßnahmen. Jedoch sind hohe Auftretenshäufigkeiten und Bedeutung (bei ≥ 8) ebenfalls Signal für Maßnahmen, auch wenn die RPZ nicht am höchsten ist.

Der für die FMEA verantwortliche Teamleiter koordiniert und verfolgt die eingeleiteten Aktivitäten, ohne jedoch die jeweils in dem Formular benannten Abteilungen und Mitarbeiter aus ihrer jeweiligen Verantwortung zu entlassen.

Es müssen sämtliche realisierten Maßnahmen in den FMEA-Formularen festgehalten werden! (Dies geschieht im Rahmen der Aktualisierung der Dokumentation.)

Da ein Produkt bzw. Prozeß mit einer Vielzahl von FMEAs beschrieben wird, ist es häufig für eine bessere Übersicht und für die Verfolgung der geplanten Maßnahmen günstig, eine eigene Liste der Maßnahmen zu erstellen.

Während jeder FMEA-Sitzung muß festgelegt werden, wer was und bis wann zu erledigen hat.

4.5 Checkpunkte für FMEA-Beurteilung

Die Formalismen der FMEA-Struktur ermöglichen eine erste Beurteilung auf formale und logische Verknüpfung der Inhalte. Hierzu einige Checkpunkte:

1. Formale Aspekte

1.1 Ursache
   - Jede Ursache genau beschreiben (nicht z. B. „falsches Material": Was heißt falsch?)
   - Jede Ursache muß bewertet sein

1.2 Auftreten „A"
   - Verhütungsmaßnahme muß sachlichen Bezug zu „A" haben
   - Bei $A > 7$ sind Verbesserungsmaßnahmen erforderlich

1.3 Bedeutung „B"
   - Bei D-Forderung muß $B = 10$ sein
   - Alle Ursachen, die zur gleichen Folge führen, erhalten gleiche B-Ziffer
   - $B > 7$ erfordert intensivere Anstrengungen zur Verbesserung

1.4 Entdeckbarkeit „E"
   - Prüfmaßnahme muß sachlichen Bezug zu „E" haben
   - Gleiche Prüfungen (Art, Umfang, Mittel) erhalten gleiche E-Ziffer
   - Bei Lebensdauer-Ursachen ist $E = 10$
   - Bei Entdeckbarkeit erst in nachfolgender Ablaufphase oder später als im übernächsten Arbeitsschritt (Fertigungsposition) muß $E > 1$ sein

1.5 Risikobewertung
   - Bewertungsziffer „1" (Idealzustand) besonders gut und ausführlich beschreiben
   - Entscheidungen infolge RPZ immer in Verbindung mit Einzelbewertungen sehen

1.6 Empfohlene Maßnahmen
   - Maßnahme genau bezeichnen (Merkmale, Unterlagen, Kenngrößen, Hinweise auf Unterlagen)
   - Veränderung der Bewertung ($A \cdot B \cdot E = RPZ$) angeben. Entscheidungshilfe!
   - Maßnahme muß sachlichen Bezug zur veränderten Bewertung haben
   - Verantwortlichkeit (Name u. Stelle) und Erledigungstermin müssen eingetragen sein
   - Keine Maßnahme: „keine" oder „-" und Ausgangsbewertung IST-Zustand eintragen

1.7 Verbesserter Zustand
- Erst eintragen, wenn Maßnahme realisiert oder keine erforderlich ist!
- Maßnahme genau beschreiben (Merkmale, Unterlagen, Kenngrößen, Hinweise auf Unterlagen)
- Maßnahme muß sachlichen Bezug zu entsprechender Bewertung haben
- Keine Maßnahme: „keine" oder „-" und Ausgangsbewertung eintragen
- Verantwortlichkeit (Name und Stelle) und Erledigungsdatum müssen eingetragen sein

2. Quasiformale Aspekte

2.1 Teamzusammensetzung
- Sind alle betroffenen Fachleute im Kernteam?
- Wurden fallweise Fachleute hinzugezogen?

2.2 K-FMEA (Design-FMEA): Ursachen
- zunächst K-Ursachen (ggf. Gliederung im Sinne der 5 M's)
- dann konstruktiv beeinflußbare Ursachen, z. B. prozeßwirksame

2.3 P-FMEA: Ursachen
- Prozeßplanungs-Ursachen (ggf. Gliederung im Sinne der 5 M's)
- Prozeßdurchführungs-Ursachen (ggf. Gliederung im Sinn der 5 M's)

2.4 Verbesserungsmaßnahmen: Rangfolge
- 1. Stelle: Konstruktions-(Design-) Maßnahmen
- 2. Stelle: Prozeß-Maßnahmen
- 3. Stelle: Prüf-Maßnahmen

Generell gilt:
Der Erstellungszeitpunkt einer FMEA beeinflußt die Bewertungsziffern für die Entdeckbarkeit. Je früher die FMEA erstellt wird, desto eher werden noch Verbesserungsmaßnahmen angezeigt und auch kostengünstiger zu realisieren sein. Die zum frühen Zeitpunkt oftmals auftretenden höheren Bewertungsziffern signalisieren naturgemäß einen noch nicht so robusten Zustand. Dies ist jedoch nicht als Nachteil, sondern als Bemühen rechtzeitiger Einflußnahme zur Verbesserung zu werten.

5. Organisatorische Hinweise

5.1 Zeitpunkt der FMEA-Erstellung

Entsprechend dem Entwicklungs-Prozeß-Plan (EPP) bzw. entsprechender Organisationsanweisung soll
- eine System- und Konstruktions-FMEA vor Abschluß und Übergabe des Entwicklungsergebnisses,
- eine Prozeß-FMEA während der Prozeßplanungsphase, spätestens vor Beginn der (Null-)Serienfertigung

fertiggestellt sein.

Vielfach geht die Erstellung der FMEA-Arten nahezu parallel, insbesondere wenn bei der Produktentwicklung die Herstellprozesse unmittelbar berücksichtigt werden müssen, wie bei der Halbleitertechnologie.

Entsprechend sind andere FMEA-Arten rechtzeitig zu erstellen.

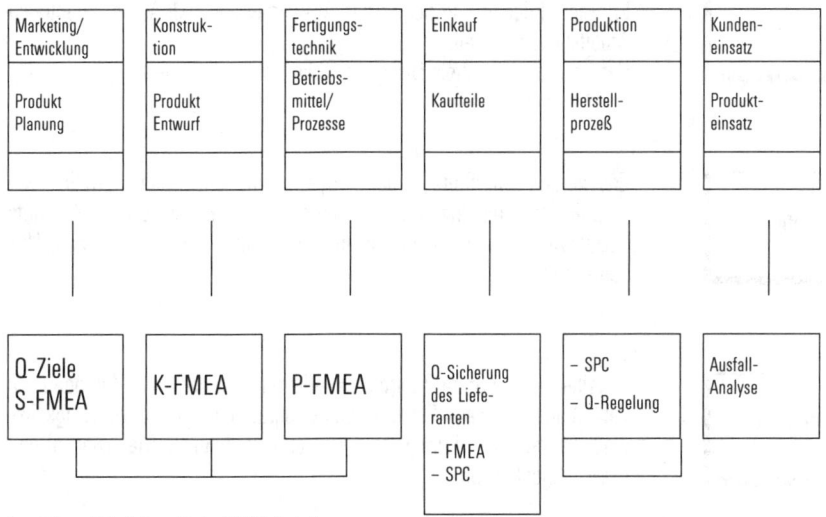

Darstellung 5.1: Zeitpunkt der FMEA-Erstellung

Die FMEAs sind offizielle Unterlagen wie Zeichnungen, die auch in das bestehende Ordnungsschema als Folgeseiten einzufügen sind.

5.2 Dokumentation

Der verbindliche Aufbewahrungsort für ausgefüllte FMEA-Formulare ist festzulegen, z. B. Produktakte. Das Dokument ist mindestens ein Jahr lang nach Ende der letzten Produktauslieferung aufzubewahren. Im Falle von DV-Speicherung sollte nur der Ersteller eine Kopie besitzen, ansonsten Zugang nur über das DV-Programm. FMEAs sind „firmenvertraulich". Sie werden nicht an Kunden gegeben. Ausnahmen erfordern die Genehmigung der obersten Leitung.

Diese Empfehlung sollte auch bei der Vertragsgestaltung berücksichtigt werden.

FMEAs sind laufend zu pflegen, d. h. bei Änderungen des Produktes (z. B. Varianten) oder Fertigungsverfahrens (z. B. geänderte Maschinen, andere als bisher verwendete Materialien) sind diese auf ihre Auswirkungen hin zu bewerten. Damit entsteht im Laufe der Zeit eine wertvolle Wissensbasis zur Nutzung bei Neukonzeptionen, Änderungen, Weiterbildung usw.

5.3 Rechnereinsatz

Die Dokumentation der FMEA-Ergebnisse kann derzeit mittels einfacher Software auf PC-Rechnern (MS-DOS) erfolgen. Allerdings sind der Leistungsumfang und der Benutzerkomfort vielfach noch bedarfsgerechter zu ergänzen.

Aufbauend auf den verfügbaren PC-Möglichkeiten einer Leistungsstufe 1 sind beispielsweise Forderungen zur Leistungserweiterung gemäß der Stufen 2 bis 4 denkbar.

Stufe 1	Ausgangssituation: Erfassen, Pflegen und begrenztes Auswerten von FMEAs an dezentralen Arbeitsplatzsystemen. Datenaustausch mittels Disketten (Stand-alone Rechner).
Stufe 2	Erweiterung von Stufe 1 durch dynamische Checklisten. Erfüllen von zusätzlichen Strukturierungsanforderungen, um die Analyse des Vorlaufs einzubeziehen, z. B. Funktionsanalyse, Fehleranalyse, Ursachen-Wirkungs-Gefüge.
Stufe 3	Erweiterung von Stufe 2 durch Einbeziehung von weiteren Methoden wie Fehlerbaumanalysen (Funktionsblockdiagrammen und Zuverlässigkeitsblockdiagrammen), Erfolgskontrolle (Terminverfolgung, Mahnwesen) und Maßnahmenkatalog.
Stufe 4	Schaffung eines Dachsystems zur zentralen Ablage und Verwaltung sämtlicher durch Arbeitsplätze der Stufen 1–3 erzeugten Daten mit Zugriffsmethoden, Suchfunktionen und Auswertungen. Austausch von Struktur-, Planungs- und Analysedaten durch On-line-Kopplung mit anderen Dateien bzw. Datenbanken.

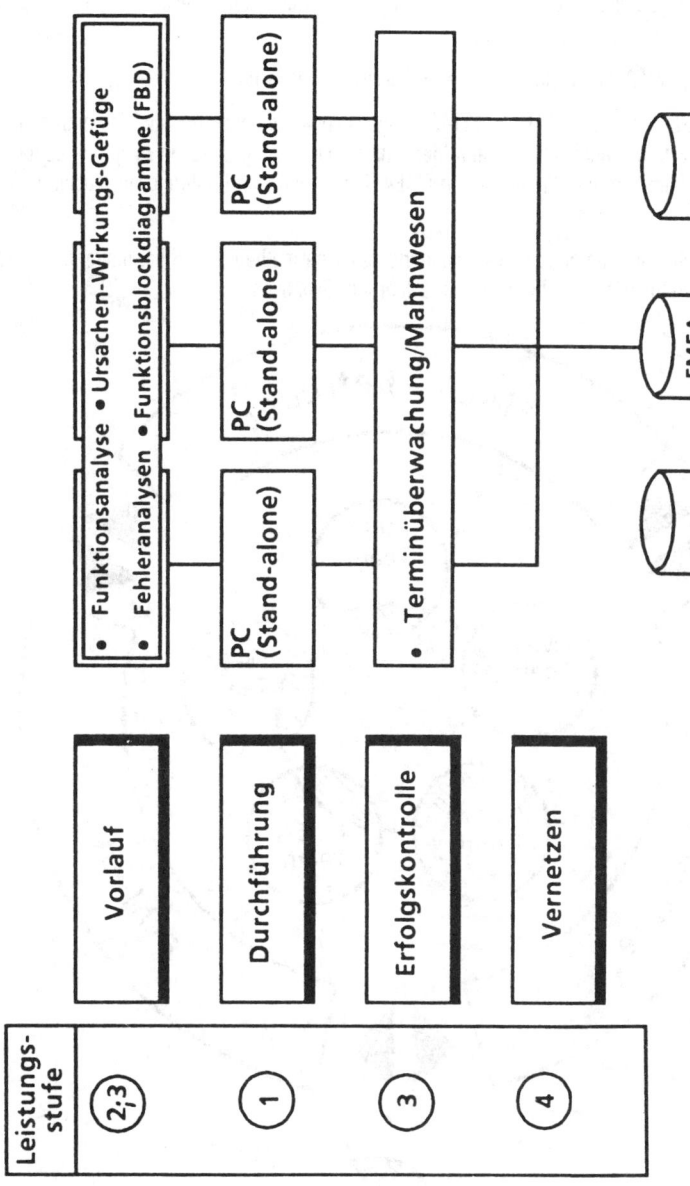

Darstellung 5.2: PC-Grobkonzept (Leistungsstufen)

5.4 Koordination, Erfahrungsaustausch

Das Erarbeiten von FMEAs erfolgt in Teamarbeit. Das erfordert neben der Qualifikation zur FMEA-Denkweise, Vorbereitung und technischen Umsetzung auch die Fähigkeit zur Teamarbeit. Das Arbeiten in Teams kann durch methodische Unterstützung eines „Moderators" wesentlich effektiver gestaltet werden.

Nachstehendes FMEA-Kooperationsmodell berücksichtigt diese Punkte.

Ziel ist, daß jeder Standort/Org.-Einheit FMEAs eigenständig und ohne fremde Hilfe erarbeiten und pflegen kann. Externe Unterstützung kann hierzu in der Einführungsphase in Anspruch genommen werden durch Seminare und Projekthilfe in FMEA-Teams und zum Erfahrungsaustausch in Workshops.

Der „FMEA-Betreuer" übernimmt diese standortspezifische methodische Hilfe, moderiert im Team und pflegt/koordiniert standortbezogen den Erfahrungsaustausch.

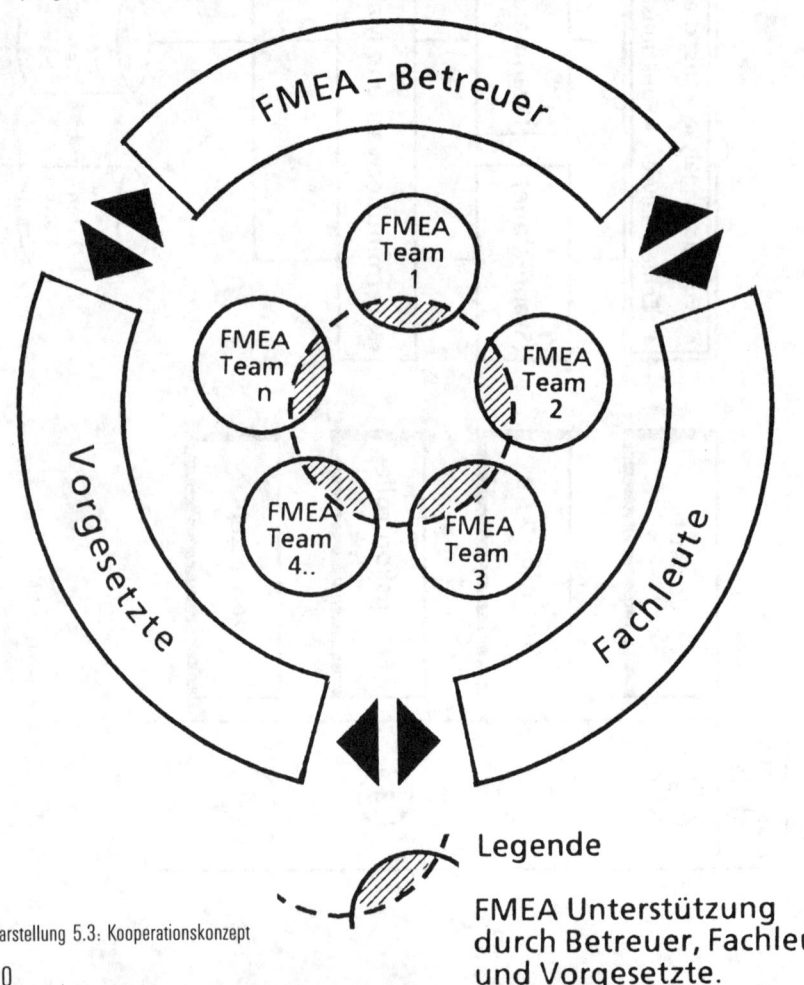

Darstellung 5.3: Kooperationskonzept

Legende

FMEA Unterstützung durch Betreuer, Fachleute und Vorgesetzte.

Die FMEA-Methode wird für alle betroffenen Abteilungen, wie Entwicklung, Planung, Fertigungsvorbereitung, erfahrungsgemäß wie folgt eingeführt.

Standort/Bereich _____

Lfd.-Nr.	Ablauf	Termin
1	Gespräch mit Leitung/Abteilungsleitungen	
2	Allg. Informationen der Führungskräfte	
3	Benennung FMEA-Betreuer (Koordinator), Ansprechpartner	
4	Festlegen standortspezifischer Einführungsplan; Arbeits-, Hilfsmittel	
5	Information und Schulung der betroffenen Mitarbeiter	
6	Durchführung in FMEA-Teams unter Koordination des Betreuers	
7	Ergebnisrückmeldung, Aussprache, Erfahrungsaustausch	
8	Weiterführung, Modifikation → Schritte 5 bis 8	

Darstellung 5.4: Stufenplan

6. Aufwand und Nutzen

Wie bei vielen auf Vorbeugung zielenden Maßnahmen ist es auch bei der FMEA-Erstellung nicht gleich möglich, eine Aufwand-Nutzen- Rechnung anzustellen. Wohl aber kann aus den vorgeschlagenen Maßnahmen in Verbindung mit der resultierenden Risikoverringerung und den Realisierungsmöglichkeiten der Nutzen abgeschätzt werden.

Der Vorteil in der Anwendung der FMEA-Methode besteht in dem Zwang, systematisch und vollständig Fehlerursachen, deren Folgen und die notwendigen Abstellmaßnahmen in Konstruktion (Design) und Fertigung zu erfassen und damit nachvollziehbar zu machen.

Weiterhin lassen sich Kosten und Zeit für nachträgliche Produktänderungen sowie für erhöhten Prüfaufwand durch Fehlerverhütung in der Entwicklungs- und Planungsphase reduzieren.

Das Fachwissen wird dokumentiert und hilft, Wiederholungsfehler oder Doppelarbeit zu vermeiden. Einmal erarbeitete „Verbesserungen" können auf baugleiche Teile übertragen werden.

Als Nachteil der FMEA-Methode wird häufig angeführt, daß sie einen gewissen zeitlichen Aufwand erfordert. Der Aufwand ist darin begründet, daß mehrere Mitarbeiter im Team die FMEA erstellen und entsprechende Bearbeitungstiefe erforderlich ist.

Auch die Pflege einmal erstellter FMEAs bringt einen gewissen Aufwand mit sich, da bei Veränderungen des Produkts bzw. des Fertigungsverfahrens diese Bereiche hinsichtlich Fehlerarten und deren Folgen neu zu bewerten sind.

Der Einsatz von Rechnerprogrammen eröffnet jedoch vielfältige Möglichkeiten wirtschaftlicher FMEA-Erstellung und -pflege. Die Abwägung von Aufwand und Nutzen einer FMEA hat gezeigt, daß viele Unternehmen positive Ergebnisse erzielt haben und die FMEA als Qualitätssicherungsverfahren einsetzen.

Grundsätzlich gilt: Je später ein Fehler erkannt wird, desto höher sind die Folgekosten. Somit liegt das Einsparungspotential in den früheren Phasen der Produktentstehung, also in der Konzeption, Entwicklung und Planung (Darst. 6.1).

Praxisberichten zufolge erbringt die konsequente Anwendung der FMEA jeweils etwa 10 bis 15 %
- weniger nachträgliche Werkzeug-, Zeichnungs- und Prüfmitteländerungen
- kürzere Projektdurchlaufzeiten und natürlich
- weniger Fehlerfolgekosten

gegenüber der Situation ohne FMEA-Anwendung.

Wer sich den Aufwand nicht leistet,
wird den Nutzen nie erfahren!

... und ist morgen wegen unzureichender
Qualität nicht mehr
wettbewerbsfähig.

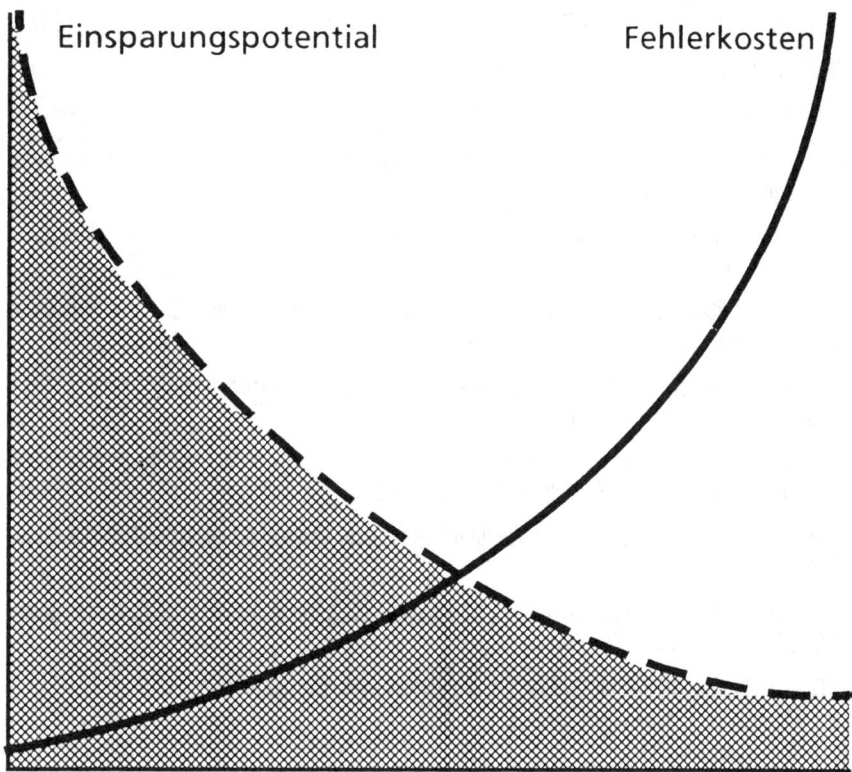

Darstellung 6.1: FMEA-Einsparungsmöglichkeiten

7. Weiterführende Information und Literatur

DIN ISO 9001 (Ausgabe Mai 1987), speziell Pkte. 4.4 und 4.9

DIN 25 424 Fehlerbaumanalyse Teil 1 (Ausgabe Sept. 1981) und Teil 2 (Ausgabe Nov. 1987)

DIN 25 448 Ausfalleffektanalyse (Ausgabe Juni 1980)

FORD-Instruktionsleitfaden (Ausgabe Sept. 1988) Fehlermöglichkeits- und Einflußanalyse (FMEA)

BMW-Richtlinie AQ-51 (Ausgabe Sept. 1987) FMEA, Fehlermöglichkeits- und Einflußanalyse; Grundzüge der Methodik

VW-Richtlinie „FMEA; Fehlermöglichkeits- und Einflußanalyse; Notwendigkeit, Chance, Voraussetzung" (Ausgabe Sept. 1988)

Verband der Automobilindustrie, Qualitätsmanagement in der Automobilindustrie, Band 4 (Sicherung der Qualität vor Serieneinsatz) (Ausgabe Mai 1986)

W. Franke, Fehlermöglichkeits- und Einflußanalyse FMEA in der industriellen Praxis, Verlag moderne industrie, Landsberg/Lech (1988)

H. Klatte und J. P. Sondermann, Qualitätsplanung von Prozessen. Einsatz der Fehlermöglichkeits- und Einflußanalyse, QZ 33 (1988) Heft 4, Seiten 190–194

G. Kersten, FMEA eine wirksame Methode zur präventiven Qualitätssicherung, VDI-Z 132 (1990) Nr. 10, Seiten 201–207

W. Geiger, FMEA – Unentbehrlich für die Planung eines QS-Systems, QZ 36 (1991), Heft 8, Seiten 468–472

DGQ Deutsche Gesellschaft für Qualität e. V., Fehlerrisiko-Analyse mit Hilfe von FMEA (Praxis-Seminar), Manuskript, Oktober 1991

gfmt, Gesellschaft für Management und Technologie, Praxisberichte 2, München 1988

Rechnergestützte Software wird von mehreren Softwarefirmen als Teil eines Gesamtprogramms oder in spezieller Ausprägung angeboten.

8. Anhang

1 6-Schritte-Arbeitsplan
2 FMEA-Leer-Formular
3 Ursachen-Wirkungs-Diagramm (Beispiel)
4 Auswahltabelle für Designmaßnahmen
5 Zusammenfassung, Merkblätter

1. 6-Schritte-Arbeitsplan

1	**FMEA-Team**	☐ Teamzusammensetzung • Wer gehört zum Kernteam? • Wer unterstützt das Team situationsbedingt?
2	**System/Baugruppe Prozess/Arb.-folge**	☐ Strukturierung und Auswahl • Welche Systeme/Prozesse? → auflisten • Welche Kriterien sind wichtig? → bewerten, Rangfolge bilden • Welche sind die potentiellen Systeme/Baugruppen, Prozesse/Arbeitsfolgen → auswählen und weiterbearbeiten • Welche Funktionen/Aufgaben haben die S/P zu erfüllen? → Funktionsanalyse
3	**Teil/Element Arbeitsschritt**	☐ Untergliederung und Auswahl • Welche Teile (Elemente)/Arbeitsschritte? → auflisten • Welche Anforderungen sind wichtig? → bewerten, Rangfolge bilden • Welche sind die potentiellen Teile/Arbeitsschritte? → auswählen und weiterbearbeiten • Welche Aufgaben/Anforderungen sind zu erfüllen? → Fehleranalyse
4	**IST ZUSTAND Risikoanalyse**	☐ Fehlerbeschreibung je Teil/Arbeitsschritt • Welche Fehler sind denkbar, möglich? → Fehlerarten auflisten • Welche Auswirkungen auf den "Kunden" haben sie? → Fehlerfolge innerhalb des Prozesses bzw. des Systems auflisten • Welche Ursache bewirken die Fehler/-folgen? → Fehlerursachen auflisten ☐ Risikoanalyse IST (derzeitiger Zustand) • Welche Fehlerverhütung und Prüfmaßnahmen bestehen? → auflisten

- Welche Risiken bezüglich Fehlerauftreten, Bedeutung und Erkennbarkeit bestehen derzeit?
  → Risiken bewerten
- Welches sind die schwerwiegenden Risiken?
  → Rangfolge bilden

| 5 | **Verbesserter Zustand Risikoanalyse** |

☐ Lösungsvorschläge
- Welche Lösungen/Maßnahmen werden empfohlen?
  → auflisten
- Wie würden sich die Risiken ändern?
  → Risikoveränderung abschätzen/vermerken
- Wer ist bis wann zur Klärung verantwortlich?
  → Name und Termin festlegen

☐ Getroffene Maßnahmen
- Welche der vorgeschlagenen Maßnahmen wurden eingeführt?
  → Maßnahmen auflisten und zuordnen

☐ Risikoanalyse SOLL (verbesserter Zustand)
- Wie sehen die Risiken jetzt aus?
  → Risiken bewerten

| 6 | **Erfolgskontrolle** |

☐ SOLL/IST Vergleich
- Wie hat sich das Risiko relativ verändert?
  → Auftreten, Bedeutung, Entdeckung vergleichen
- Welcher Aufwand/Nutzen hat sich eingestellt?
  → A/N abschätzen
- Was ist noch zu tun?
  → überprüfen, ob weitere Verbesserungen machbar und sinnvoll

2. FMEA-Leer-Formular

3. Ursachen-Wirkungs-Diagramm

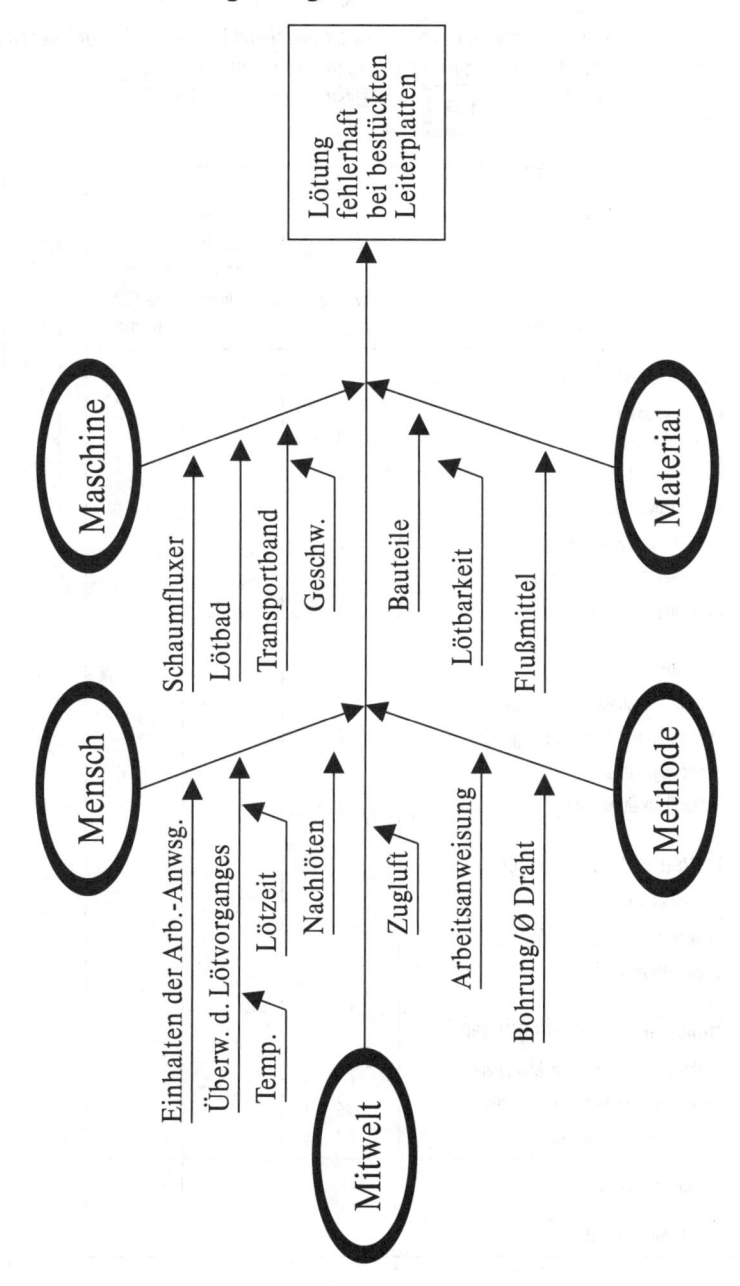

Lötung fehlerhaft bei bestückten Leiterplatten

Maschine
- Schaumfluxer
- Lötbad
- Transportband
- Geschw.

Material
- Bauteile
- Lötbarkeit
- Flußmittel

Mensch
- Einhalten der Arb.-Anwsg.
- Überw. d. Lötvorganges
- Temp.
- Lötzeit
- Nachlöten

Methode
- Arbeitsanweisung
- Bohrung/Ø Draht

Mitwelt
- Zugluft

4. Auswahltabelle für Design-Maßnahmen

Mit Hilfe der Tabelle kann die Notwendigkeit der Anwendung und Erfüllung erforderlicher Maßnahmen zum robusten Produktdesign abgeschätzt werden. Der ermittelte Erfüllungsgrad (EG) dient als Zuordnungshilfe für das Auftreten **A** von Design-Schwachstellen.

Betrachtungseinheit (Teil):				A	EG (%)
Design-Maßnahme (Beispiele)	Gewichtung Punkte	Für die Betrachtungseinheit relevant	erfüllt (Punkte)	1	≧95
				2-3	85-95
1. Konstruktive Gestaltung				4-6	60-85
1.1 Konstruktionsprinzip (Alternativen)	3			7-8	50-60
1.2 Formgestaltungsoptimierung	2			9-10	< 50
1.3 Konstruktive Verstärkung	2				
1.4 Qualifizierte Stoffauswahl	3				
1.5 Sicherheitsfaktoren, Redundanz	3				
1.6 Berechng. z. B. Leistung, Festigkeit	2				
1.7 Toleranzfestlegung n. DIN	2				
1.8 Abstände, Einbaulage, Isolation	3				
1.9 Verhindern von Verwechslungen	2				
1.10 Sondereigenschaften	2				
1.11 Herstellbarkeitsanalyse	2				
2. Nutzen von Erfahrungen					
2.1 Bewährtes Design	3				
2.2 Expertenbefragung, z. B. QS	1				
2.3 Design-Review	2				
3. Hinweise in den Unterlagen					
3.1 Funktionsmaße/kritische Merkmale	1				
3.2 Lieferanten-/Lieferbesonderheiten	2				
3.3 Schnittstellen/Einbaulage	2				
Punktesummen		———	———		
Erfüllungsgrad (EG)		100 %	___ %		

5. Zusammenfassung, Merkblätter

Auswahltabelle für Design-Maßnahmen

Mit Hilfe der Tabelle kann die Notwendigkeit der Anwendung und Erfüllung erforderlicher Maßnahmen zum robusten Produktdesign abgeschätzt werden. Der ermittelte Erfüllungsgrad (EG) dient als Zuordnungshilfe für das Auftreten **A** von Design-Schwachstellen.

Betrachtungseinheit (Teil):				
Design-Maßnahme (Beispiele)	Gewichtung Punkte	Für die Betrachtungseinheit relevant	erfüllt (Punkte)	
1. Konstruktive Gestaltung				
1.1 Konstruktionsprinzip (Alternativen)	3			
1.2 Formgestaltungsoptimierung	2			
1.3 Konstruktive Verstärkung	2			
1.4 Qualifizierte Stoffauswahl	3			
1.5 Sicherheitsfaktoren, Redundanz	3			
1.6 Berechnung (z. B. Leistung, Festigkeit)	2			
1.7 Toleranzfestlegung n. DIN	2			
1.8 Abstände, Einbaulage, Isolation	3			
1.9 Verhindern von Verwechslungen	2			
1.10 Sondereigenschaften	2			
1.11 Herstellbarkeitsanalyse	2			
2. Nutzen von Erfahrungen				
2.1 Bewährtes Design	3			
2.2 Expertenbefragung, z. B. QS	1			
2.3 Design-Review	2			
3. Hinweise in den Unterlagen				
3.1 Funktionsmaße/kritische Merkmale	1			
3.2 Lieferanten-/Lieferbesonderheiten	2			
3.3 Schnittstellen/Einbaulage	2			
Punktesummen			_____	
Erfüllungsgrad (EG)			100 %	_____ %

A	EG (%)
1	≥ 95
2-3	85-95
4-6	60-85
7-8	50-60
9-10	< 50

Spalte 7 Auftreten **A**

Es ist das Auftreten der Fehlerursache (bzw. der Fehlerart infolge der Ursache) anhand einer von 1 bis 10 reichenden Skala, Tabelle 4.7, zu schätzen. Für die Bewertung des Auftretens ist es unwichtig, ob der Fehler entdeckt oder nicht entdeckt wird.
Der Risikofaktor A signalisiert, inwieweit robustes Design (Konstruktion) bzw. beherrschte Prozeßschritte vorliegen.

Die Ermittlung der Bewertungsziffern kann auch mittels einer Auswahltabelle für Design-(Konstruktions-)Maßnahmen erfolgen (Anlage 4).

A Auftreten

Bewertungsziffer	Erläuterung
1	**Kein** Fehlerursache (Fehler) tritt nicht auf. Robustes Design; alle erforderlichen Design-Maßnahmen berücksichtigt (95 % < Erfüllungsgrad EG). Fähiger Prozeß (Fehler-Anteil $\sim$ 0 %)
2–3	**Sehr gering** Design entspricht bewährten und erprobten Entwürfen. Die wichtigsten (unbedingten) Design-Maßnahmen wurden berücksichtigt (85 % < EG $\leq$ 95 %) Prozeß statistisch beherrscht: $\bar{x} \pm 4\,s$ bis $\bar{x} \pm 3\,s$ (1/20.000 < F-Anteil < 1/2.000)
4–6	**Gering** Design entspricht früheren Entwürfen mit geringen Schwachstellen (Fehlern). Etwa dreiviertel der wichtigen (unbedingten) Design-Maßnahmen berücksichtigt (60 % < EG < 85 %). Prozeß bringt noch geringen Fehleranteil (1/2.000 < F-Anteil < 1/200)
7–8	**Mäßig** Design ist problematisch. Vergleichbare Lösungen führten wiederholt zu Fehlern. Wichtige Design-Maßnahmen nicht berücksichtigt (50 % < EG < 60 %) Prozeß ist problematisch (1/200 < F-Anteil < 1/20)
9–10	**Hoch** Design sehr unsicher. Keine vergleichbaren Lösungen verfügbar/berücksichtigt. Design-Maßnahmen in geringem Umfang berücksichtigt (EG < 50 %) Prozeß nicht fähig. Fehler treten in großem Umfang auf (50 % < F-Anteil)

Tabelle 4.7: Auftreten von Fehlerursachen bzw. Fehlern

> - Der Erfüllungsgrad EG signalisiert die Berücksichtigung der für die jeweilige F-Ursache relevanten Design-Maßnahmen (s. a. Auswahltabelle für Design-Maßnahmen in Anlage 4).
> - Das Auftreten des Fehlers bezieht sich auf die Fehlerursache.
> - Hohe Bewertungsziffern signalisieren unsichere Funktionselemente bzw. nicht beherrschte Prozeß-Schritte.
> - Die Auftretenshäufigkeit des Fehlers kann nur durch Änderungen
>   - des Designs (Konstruktion) und/oder
>   - des Prozesses
>
>   verbessert werden.
> - Bei A und B $\geq$ 8 ist auch für kleinere RPZ intensivere Analyse erforderlich.
> - Wenn die Ursache eliminiert ist, wird bei „verbessertem Zustand" A = 1 und E = 1, B bleibt; somit ist RPZ = B.

Spalte 8 Bedeutung **B**

Die Bedeutung orientiert sich an den Fehlerfolgen (Spalte 3). Sie wird mit Tabelle 4.8 anhand einer Skala von 1 bis 10 bewertet. Der Risikofaktor B beschreibt also, wie schwerwiegend der „Kunde" die Fehlerfolge aus seiner Sicht betrachtet. Die Fehlerfolge ist als ungünstigster Fall (worst case) zu beschreiben. Bei der Punktevergabe kann der Kunde mitwirken.

B Bedeutung (Auswirkung aus der Sicht des „Kunden")

Bewertungsziffer	Erläuterung
1	Keine Fehlerauswirkung, kaum wahrnehmbar: Der Fehler wird keine wahrnehmbare Auswirkung auf das Verhalten des Produkts oder die Weiterverarbeitung der Teile/Materialien haben. Der „Kunde" wird den Fehler wahrscheinlich nicht bemerken.
2-3	Geringe Fehlerauswirkung: Die Auswirkung ist unbedeutend, und der „Kunde" wird sich nur geringfügig betroffen fühlen. Er wird wahrscheinlich nur eine geringe Beeinträchtigung des Systems bemerken.
4-6	Mäßig schwere Fehlerauswirkung: löst Unzufriedenheit beim „Kunden" aus. Der „Kunde" fühlt sich belästigt oder ist verärgert. Er wird die Beeinträchtigungen des Systems oder der Bearbeitbarkeit bemerken (z. B. Nachbesserung in Folgearbeitsgängen, erschwerte Bedienbarkeit).
7-8	Schwere Fehlerauswirkung: löst große Verärgerung des „Kunden" aus (z. B. ein nicht betriebsbereites Produkt oder nicht funktionierende Teile der Ausstattung) bzw. Teile sind nicht weiterverarbeitbar. Die Sicherheit oder eine Nichtübereinstimmung mit den Gesetzen ist hier noch nicht angesprochen.
9-10	Äußerst schwerwiegende Fehlerauswirkung: führt zum Betriebsausfall (9) des Produkts oder beeinträchtigt möglicherweise die Sicherheit und/oder die Einhaltung gesetzlicher Vorschriften beeinträchtigt (10).

Tabelle 4.8: Bedeutung von Fehlern

> - Die Bedeutung des Fehlers orientiert sich an den Fehlerfolgen.
> - Die Bedeutungsziffer ist innerhalb einer Fehlerfolge gleich.
> - Bei D-Forderung (Dokumentation/Sicherheit) ist B = 10.
> - Kunde ist immer derjenige, bei dem der ungünstigste Fall auftreten kann:
>   – bei einer Konstruktions-FMEA ist meist der Endbenutzer eines Produkts der „Kunde".
>   – bei einer Prozeß-FMEA ist jeweils der letzte Arbeitsschritt, bei dem der Fehler zu Störungen der Weiterbearbeitung führen kann, der „Kunde". Im ungünstigsten Fall ist der Endbenutzer der „Kunde".
> - Die ermittelte Bedeutungsziffer kann durch Reduzieren des Auftretens oder der Verbesserung der Entdeckbarkeit nicht beeinflußt werden.
> - Die Bedeutung kann nur durch Design-(Konstruktions-) Änderung beeinflußt werden, wenn z. B. Hauptfunktionen durch entsprechende Maßnahmen zu Nebenfunktionen werden.

Spalte 9 Entdeckbarkeit **E**

Die Möglichkeit, einen Fehler zu entdecken, wird anhand einer Skala von 1 bis 10 mit der Tabelle 4.9 geschätzt. Bei der Bewertung geht man davon aus, daß die Fehlerursache aufgetreten ist und vergibt Punkte für die Wirksamkeit der Prüfmaßnahmen oder ihr gleichkommender Arbeitsschritte aus der Sicht der betrachteten Arbeitsphase (Design) bzw. des Arbeitsschrittes (Prozeß). Der Risikofaktor E gibt an, inwieweit die Fehlerursache (Fehlerart) vor Weitergabe an die nächsten Arbeitsschritte bzw. den externen Kunden entdeckt werden kann.

E Entdeckbarkeit (vor Auslieferung an den „Kunden")

Bewertungsziffer	Erläuterung
1	**Hoch** Fehlerursache (-art), die im betrachteten oder dem nächsten Arbeitsschritt zwangsläufig entdeckt wird (z. B. Montagebohrung fehlt). $E > 99,99\%$
2–5	**Mäßig** Augenscheinliches Merkmal (z. B. Bemaßung, Teil fehlt). Automatische Sortierprüfung eines einfachen Merkmals (z. B. Vorhandensein einer Bohrung). $99,7\% < E \leq 99,99\%$
6–8	**Gering** Traditionelle Prüfung (Tests, Versuche, Stichprobenprüfung attributiv bzw. messend). $98\% < E \leq 99,7\%$
9	**Sehr gering** Nicht leicht zu erkennendes Merkmal (z. B. Materialauswahl falsch, Leitungsverbindung nur teilweise gesteckt). Visuelle oder manuelle Sortierprüfung (Personenabhängigkeiten). $90\% < E \leq 98\%$
10	**Keine** Die Fehlerursache (-art) wird nicht geprüft oder kann nicht geprüft/erkannt werden (z. B. unzugänglich, keine Prüfmöglichkeit, Lebensdauer).

Tabelle 4.9: Entdeckbarkeit von Fehlerursachen bzw. Fehlern

> [!]
> - Die Entdeckbarkeit ist vom Zeitpunkt der betrachteten Arbeitsphase (K bzw. P) aus zu sehen.
> - Fehler, die erst im übernächsten oder in weiteren Arbeitsschritten zwangsläufig entdeckt werden, sind mit $E > 1$ zu bewerten (z. B. Kostengründe).
> - Fehlerverhütungs- und Prüfmaßnahmen für das Design (Konstruktion), z. B. Design-Review, Versuche, Zeichnungsprüfung, beziehen sich auf die Entdeckbarkeit noch in der Design-Phase. Für Design-Fehler, die erst beim internen Kunden (Fertigungsvorbereitung) entdeckt werden, ist mit $E = 9$, bei Entdeckung erst beim externen Kunden ist mit $E = 10$ zu bewerten (Folgekosten).
> - Die Entdeckbarkeit bezieht sich bei der Prozeß-FMEA auf den betrachteten bzw. die folgenden Arbeitsschritte, einschließlich der Prüfschritte.
> - Für gleiche Prüfung (Umfang, Art, Methode) ist die Entdeckbarkeitsbewertung gleich.
> - Die Entdeckbarkeit des Fehlers kann durch Änderungen
>   – des Designs (Konstruktion)
>   – der Prozesse (SPC)
>   – der Prüfungen
>   verbessert werden.